교사와 학부모를 위한 **학교정원 가꾸기**

How To Grow A School Garden

by Arden Bucklin-Sporer & Rachel Kathleen Pringle

Korean Translation Copyright ⓒ 2011 by Hakjisa Publisher, Inc.
The Korean translation rights Published by arranged with
Timber Press

Copyright ⓒ 2001 by Arden Bucklin-Sporer & Rachel Kathleen Pringle
All rights reserved.

본 저작물의 한국어판 저작권은
Timber Press와의 독점계약으로 (주)학지사가 소유합니다.
저작권법에 의해 한국 내에서 보호를 받는 저작물이므로
무단 전재와 무단 복제를 금합니다.

교사와 학부모를 위한
학교정원 가꾸기

Arden Bucklin-Sporer · Rachel Kathleen Pringle 공저 | 최영애 · 권혜진 공역

학지사

정원 시간을 위해 줄서는 아동들 Photo by Brooke Hieserich

역자 서문

정원(庭園)은 그 자체로 우주다.

그곳에는 사람이 있고, 물에 비치는 달도 있으며, 식물, 동물이 존재하는 모든 자연의 생명 순환계가 있다. 이처럼 정원은 소우주, 즉 자연이 압축된 곳으로 그 공간에서 학문의 범위와 순서를 알고 작은 씨앗에서부터 우주까지 차원이 각기 다른 다양한 경험을 연속적으로 할 수 있다.

'정원(庭園)'이라는 용어는 숙종실록, 숙종 43년(1717년)에 사용한 기록을 볼 수 있는데, 이 기록은 중국과 일본보다 더 앞선 것으로서 우리 민족이 자연과 어우러져 '자연스러운 삶'을 살고자 했던 철학을 엿볼 수 있다. 이 철학을 가장 잘 보여주는 건축물이 바로 창덕궁이다. 창덕궁과 후원은 1997년 유네스코 세계문화유산으로 등재되었으며, 이는 '자연과의 조화로운 배치'가 탁월한 점이 중요한 요인이 되었다.

또한 창덕궁 후원에는 조선 정조 시대에 '부용지'라는 연못을 바라보는 누각인 주합루(宙合樓, 천지와 우주가 통하는 집)를 지었는데 이 주합루는 서고와 열람실, 즉 도서관이 들어섰다. 상징적으로 우리 조상의 주거 공간은 정원과 도서관을 갖추고 있었으며, 이는 고대 로마의 웅변가이자 정치가인 키케로(Cicero, BC 43)가 말한 '정원과 도서관을 갖고 있다면, 살아가는 데 필요한 모든 것을 갖고 있는 것이다.' 처럼 정원과 도서관을 연결한 지혜를 엿볼 수 있다. 이와 더불어 안동에 있는 조선시대 서원 공간인 병산서원의 만대루(晩對樓)는 학교정원의 중요한 기능을 보여 주는데, 확 트인 자연을 볼 수 있는 경관은 학생들에게 주의를 집중하면서 학습하는 과정에서 얻게 되는 피로감을 자연스레 풀게 하면서 재창조(recreation)의 실마리를 제공한다.

현재 전 세계적으로 '지속 가능한 발전'이라는 숙제를 안고 있는 이때에 '자연과의 조화로운 삶'을 추구했던 우리 조상의 철학에 대해 다시 숙고해 본다.

'학교정원 가꾸기'는 진정한 통합교육, 과정 지향적 태도, 종합적 이해를 도와

창조적 사고가 가능한 신르네상스인을 양성할 수 있는 미래형 교수 전략이다. 자연과 학문을, 삶과 지식을 '자연스럽게' 연결시켜 주는 '학교정원'이 우리의 정체성을 다시 회복시키고, 통합적인 시각으로 수많은 창의적인 산물을 만들어 낸 다산 정약용 선생과 같은 훌륭한 인물을 길러 내는 데 중요한 단서가 되는 역할을 하기를 간절히 바라면서 이 책을 내놓는다.

끝으로 흔쾌히 이 책의 번역을 허락해 주신 김진환 사장님과 새로운 분야를 꼼꼼한 편집으로 도와준 김선우 씨께도 감사의 마음을 전한다.

뿌리 깊은 나무의 여름을 기다리면서
2011년 6월
최영애 · 권혜진

저자 서문

학부모는 학교 운동장을 변화시키는 동력이기 때문에 이 책은 직접적으로 학부모들을 대상으로 하고 있다. 또 선생님 역시 이 프로젝트를 성공적으로 이끄는 데 매우 중요하기 때문에 이 책이 교육자들에게 영감을 불어넣어 선생님들로 하여금 학교정원을 수업에 끌어들이고, 학부모들로 하여금 학교정원 프로젝트에의 의미 있는 참여와 더 나은 학교 공동체로 이끌도록 도와줄 것이라 희망한다. 학교정원은 많은 사람들에 의한 집약적인 노력으로 가꾸어진다.

이 책은 당신의 지역사회에서 에너지를 극대화하고 유지하는 방법에 대해 설명하고 있다. 이 책의 앞부분은 정원 공간을 창조하고 개발하는 것에 대해 설명하고 있으며, 뒷부분에서는 학교정원 프로그램을 위한 가이드를 제시하고 있다. 학교정원을 조성하는 것은 쉽게 성취할 수 있는 프로젝트인 반면, 학교정원을 오랜 기간 유지하는 전략을 개발하는 것은 대단히 복잡한 일이다. 이 책에서는 학교 운동장에서 학교정원으로 변화를 이끌고, 의미가 있으며, 활기가 넘치도록 유지하고, 오랜 기간 잘 사용할 수 있도록 하는 유기적 구조 혹은 관리에 대해 설명하고 있다.

책을 읽어 가면서 지역사회가 관여하게 되고, 정원 프로그램을 위한 예산을 증액하는 방법, 장소에 적합한 정원을 디자인하는 방법, 선택한 재료로 어떻게 건설하는지, 정원에서 할 수 있는 요리 레시피 등의 내용을 배울 수 있다. 또한 당신이 실제로 시행할 수 있게 도와주는 '필요한 기술과 지식'을 얻을 수 있다. 반드시 필요한 재료, 일상적인 도전(유치원생을 위한 물 주기 같은 작업)에 대한 창의적인 해결책, 열성적인 학생들의 에너지를 관리하는 전략 등에 대해서도 알 수 있다.

이 책을 통해 당신은 학교정원에서 할 수 있는 작업이나 도전에 대한 중요한 요령이나 활동 목록을 얻을 수 있는데, 고집 센 교장 선생님과 일하는 요령, 학교정원을 홍보하는 방법, 도구 창고를 만드는 방법 등이 있다. 학교 공동체에 정원 프로젝트의 잠재력을 보여 주는 프로그램 개요와 정원 계획을 포함하는, 실제 학교정원과 관련된 지원을 제공받게 된다. 예를 들면, 학교정원 예산, 공동체 내 잠재적 기부자에게 보내는 연중 기부금 서신, 학교정원 소식지 샘플 등이다.

이 책을 통해 학부모와 선생님들은 교육과정에 정원 가꾸기를 연계함으로써 영감을 주고 실질적인 지도를 하는 데 전념하였다. 우리는 정원기반수업을 교육과정에 연계하는 방법과 야외 교실에서 선생님들이 수업에 협동하는 분야나 학년별 수준에 따라 평가하는 방법에 대해 설명하였다. 제9장 '연중 정원 수업과 활동'에서 재미있는 정원 수업과 계절별 활동의 예를 제공하였다. 이 책의 마지막 부분에서는 정원 교육과정, 지원, 물자 등에 대한 광범위한 자원을 소개하였다. 학교정원은 그 자체로도 배울 것이 충분하고 풍부한 환경이며, 또한 자연계를 폭넓게 이해하는 역할을 한다. 학생들이 학교정원에 연결됨으로써 환경관리의 시작이 될 수 있다. 당신의 프로젝트가 번창하도록 돕는 씨앗 심기가 되기를 희망한다.

샌프란시스코 통합학군의 학교정원에서 얻은 수년간의 시행착오를 이 책의 마지막 부분에 기록하였다. 우리는 학교와 정원 코디네이터, 선생님과 교장 선생님, 학생들과 매우 밀접하게 일해 왔다. 그들은 끊임없이 우리에게 영감을 주었다. 우리는 또한 시설 부서, 조경팀, 자원봉사자, 학부모 그룹, 다른 학교정원 지원 조직과 함께 일해 왔다. 이 책을 통해 우리는 샌프란시스코 학교정원에서의 경험을 나누고자 하였다. 새로운 정원 프로그램을 계획하는 학부모들에게 혹은 아동들이 정원에서 작업하며 얻는 경이로움과 즐거움을 주고자 하는 선생님들에게 도움이 되기를 바란다.

학교정원은 학생들과 학교 공동체를 포함하는 생태계의 한 부분이다. 선생님, 학부모, 학생, 토양 미생물, 식물 재료, 배유, 찌르레기, 꼽등이, 오뚝이, 기상 시스템 등은 학교정원이란 무대의 주연배우이며, 서로 영향을 주고, 서로 자리를 차지하려 경쟁하기도 한다. 물론 모든 정원은 다르며, 학교 공동체의 노력이라는 뿌리를 기반으로 자라는 것이다.

우리의 목표는 모든 학교정원이 원칙을 세우고 조직화하도록 돕는 것이다. 그러기에 학교정원을 유지·관리함으로써 지역공동체를 성장하도록 도왔던 경험을 공유하고자 한다.

행운을 빈다.
부디 행복한 정원이 되기를!

Contents

- 역자 서문 5
- 저자 서문 7
- 서 론 13
1. 왜 학교정원인가 23
2. 준비 작업 구상하기 37
3. 땅에서 최대한 얻기 49
4. 땅파기와 예산편성 및 모금활동 77
5. 학교정원 프로그램의 개발 93
6. 건강한 야외 교실 111
7. 학교정원 운영 요령 127
8. 정원에서 식물 심기, 수확하기, 요리하기 143
9. 연중 정원 수업과 활동 163
10. 학교정원에서의 10년 189

- 학교정원 레시피 203
- 캘리포니아 주 표준교육 내용 사례 217
- 관련 자료 219
- 참고문헌 229

학생들이 정원 코디네이터의
도움을 받으며 물을 주고 있다.

서론

   학교정원은 야외 교실의 오아시스로, 수많은 생명체가 찾아오고, 학생들에게는 우리가 속한 복잡하면서도 매력적인 생태계에 대해 가르칠 수 있는 내용이 풍부한 곳이다. 학교정원은 학생들에게 '현장 체험학습' 기회를 제공해 준다. 학교정원은 아스팔트 운동장 위에 놓인 올린 재배상이나 옥상 정원의 플랜터일 수도 있다. 어떤 경우는 학교가 사용하지 않는 운동장이나 주차장을 인수하여 닭, 염소, 양들을 기르는 미니 농장으로 사용할 수도 있다. 학교정원은 학생들이 작물을 심어 식품과

L 학생들이 금잔화를 살피고 있다.

R 수확 파티
　Photo by Stephanie Ma

영양에 대해 배우거나 자생식물을 심어 지역 생태에 초점을 둔 수업을 지원하도록 디자인할 수도 있다. 모든 학교정원의 공통된 사항은 야외 교실로서 정원을 이용하는 다양한 수업이라 할 수 있다. 수업은 최근에 심은 잠두콩의 생장을 도표로 나타내고, 시간에 따른 생장 변화를 측정하는 표준기반수업(standard-based lesson)으로 계획될 수도 있다. 뜻밖에 파인애플 세이지에 날아든 벌새를 발견하고는 수업 목표가 예기치 않게 수분(pollination)으로 방향을 바꿀 수도 있다. 이 모든 경우 학교정원 수업은 교육과정에 연계되어 진행된다.

학교정원은 1세기가 넘는 동안 존재해 왔으며, 최근 들어 그 인기가 높아지는 것은 당연한 일이다. 역사적으로 빅토리 가든(victory garden, 2차 세계대전 중 정원 등을 일구어 만든 뜰 안 채소밭)과 학교정원은 전쟁 중에 필요한 영양분을 제공해 주었다. 20세기 초 영양에 대한 요구가 확연히 변화되었는데, 현대사회는 열량이 충분함에도 양질의 영양에 대한 요구는 대단히 높아졌다.

현대의 아동들은 농업 및 영양과 상당히 분리되어 있으며, 대부분의 경우 놀랄 만큼 자연계와 동떨어져 있다. 부모님, 후견인, 세계 시민으로서 우리는 이 난감한 문제를 해결할 수 있는 방법을 찾고 있다. 우리 아동들이 지역이나 환경문제에 대해 관심을 가지고 보살펴 갈 것을 기대하기 어렵다는 것을 알고 있다. 학교정원에서는 이 난감한 문제를 해결하는 답을 찾아가는 과정을 시작할 수 있다. 식품을 재배하고 자연 서식지를 가꾸면서 아동들을 자연계와 연결함으로써, 정원은 아동들에게 지역 생태와, 더 크게는 환경적 이슈에 관심을 가질 수 있게 해 줄 것이다.

학교정원은 도심 초등학교 운동장에 자리 잡고 있다. 덩굴 구조물, 깃대, 농구대 같은 학교 운동장의 수평적 확장을 방해하는 요소들 사이에 박혀 있다. 정원은 최근에 만들어졌지만, 이미 공간에는 야생적인 형태로 식물들이 자라면서 아름다움을 표출하고 있다. 식물의 범위와 종류는 지난 수업 후에 남겨진 칠판과 측정 도구들을 보면 실험실을 필요로 할 정도다. 크지 않더라도 정원은 깊이가 있어 학생들이 토양, 미생물, 뿌리 형태 등에 대한 궁금증을 조사하여 증명할 수 있을 정도로 심오함이 있다. 하늘을 보면 구름, 날씨에 대해 공부할 기회를 제공하며, 정원의 녹색 잎 그늘 아래 살고 있는 곤충과 새들에 대해서도 공부하게 된다. 이 작은 공간에서 상추, 당근, 브로콜리 같은 채소를 심고 기르면서 학생들은 노력의 기쁨을 맛볼 수 있다.

자신들의 생태계에 관심을 가지고 있는 도시 아동들이 별로 없다는 것을 알게 된 것은 놀라운 경험이었다. 그러나 더욱 놀라운 것은 기회가 주어졌을 때 매우 빨리 자연과 깊은 관계를 맺는다는 것이다. 옛 속담 "당신의 손을 더러운 곳에 담가라"는 문자 그대로 학생들이 학교정원에서 하고 있는 일을 말하며, 그들이 처음 하는 것이다. 일단 이 단순한 활동을 시작하게 되면, 세상은 갑자기 문을 열게 된다. '흙'과 '더러운 것'을 구별하면 설명하기 쉬워진다. 일단 손이나 도구를 사용하여 흙을 만질 수 있다면 생태계에 대한 아동들의 생각이 바뀔 것이다.

공립학교가 가지고 있는 것과 필요로 하는 것에 대한 격차는 크다. 학부모들은 이러한 격차를 메우는 것을 도울 기회를 가지게 된다. 이 일을 하는 데는 다양한 방법이 존재하며, 자녀들의 학교에 투자하는 시간이나 금전적 지원으로 요약될 수 있다. 학교정원은 학교 공간에 가치를 더해 주는 훌륭하고도 경제적인 방법인 것이다. 정원은 공동체를 활성화하는 기반이 된다. 학교를 다양한 수준으로 강화하는 데 정원 프로그램은 일종의 혁명인 것이다. 많은 학부모들이 자녀들의 학교에 관여하는 방법에 대해 어려움을 느끼고 있는데, 학교정원은 지역에 처음 이사 온 학부

학교정원은 활기가 넘치며 아이들이
중심인 곳이다.

모들을 위한 훌륭한 매개 공간이 되며, 농업에 대한 지식을 나눌 수 있는 활기찬 공간인 것이다.

여러 방식으로 학교정원 프로그램은 가정의 경제교육이 사라진 빈 공간을 채우고 있다. 교육과정을 통해 가치 있는 일상생활 기술과 지혜와 검약 정신, 몸에 좋은 영양을 섭취하기 위해 요리하고 쇼핑하는 방법, 다른 사람들과 음식을 나누는 법, 기본적인 예의, 식사 예절 등을 학교정원에서 어느 정도 보여 줄 수 있다. 반세기 전만 해도 정원에서 요리하고 먹는 것은 일상적인 생활이었으나, 현재 도시 학생들에게는 매우 놀랍고 신기한 경험이 되었다. 전형적인 오후 정원 수업에서 수확 파티를 포함하게 된다. 수확 파티에서는 학생들에게 반 친구들을 위해 특정 작물을 선택하고, 수확하고, 씻어서 요리하도록 시킨다. 학급 내에서 서로서로 음식을 차리고 함께 앉아서 먹는 것이다. 또한 2학년 학생들이 잘게 썬 근대에 마늘과 올리브 오일을 넣어 만든 볶음 요리를 간식으로 맛있게 먹고 있는 모습에 놀라기도 한다. 학생들은 직접 기른 채소를 먹는다는 단순한 사실을 확인하게 되는 것이다. 학부모들은 항상 집에서는 먹지 않던 채소를 학교에서는 먹는 것을 보고 놀라게 된다. 몇몇 학생들은 진정한 채식주의자가 되어 어른들이 놀랄 정도로 오로지 신선한 어린 상추와 유기농 마늘만을 먹기도 한다.

학교정원은 뉴멕시코(New Mexico) 주 앨버커키(Albuquerque)에서 호주 시드니에 이르기까지 곳곳에서 번창하고 있다. 각각의 학교정원은 특정한 비전을 가지고 만들어졌으며, 학생들과 학부모, 선생님, 지역사회 일원들의 노력에 의해 다른 모습을 하고 있다. 학교정원의 다양성만큼이나 학교정원을 유지·관리하는 조직의 구축이 함께 발전하고 있다. 우리가 알고 있는 정원은 지속 가능성이라는 똑같은 전략을 가지고 발전해 왔다. 장소에 따라 식물과 생태계는 다르지만, 정원의 제도적 지원 전략은 어디서나 동일하다. 이 책은 지속 가능성에 대해 분명히 하고자 한다.

학교정원에는 그러한 공간이 없으므로, 지나친 미적 장식과 완벽함에 대한 생각은 털어 버릴 것을 제안한다. 당근을 심은 줄이 삐뚤빼뚤하고, 외바퀴손수레가 넘어져 있고, 흙먼지가 날아다닐 것이다. 다른 생물들이 와서 먹어도 될 만큼 충분히 식물을 심고(식물이 내성이 있으면 좋을 것이다), 아이들은 땅속에 있는 당근이 얼마나 자랐는지 보려고 뽑아 보기도 할 것이라는 것을 예측하도록 한다. 학생들에게 화단에 이름표를 붙이도록 요청하라. 당신의 학교정원이 아이들 중심이 될수록 학생들은 그들의 세계에서 리더가 되는 기쁨을 누릴 것이다. 학교정원의 전체 모습은 떠들썩하고 원기 왕성한 아름다움을 가지고 있다. 이 책은 당신이 기초적인 원예나 정원 가꾸기 기술을 가지고 정원을 시작하고 있다는 가정하에 기술된 것이다. 따라서 기술적인 부분이 부족하다면, 지역의 전문 가드너 프로그램, 농업기술센터, 전문대학, 대학교에서 배울 수 있는 기회가 많으므로 이용하기 바란다. 그리고 지식이 부족하다고 겁먹을 필요가 없다는 것을 기억하라. 학생들이 듣기에 가장 유용한 말은 '나는 네 질문의 답을 잘 모르겠구나. 같이 찾아보자.' 다.

이 책에서 우리는 학교정원 관리를 학교 도서관을 관리하는 것과 매우 비슷하게 접근

아스팔트 학교 운동장에서
할 수 있는 일은 충분하지 않다.

한다. 각 반에서 매주 도서관 시간을 갖는 것처럼, 학교정원에도 적용한다. 두 시설 모두 학부모나 시간제 근무 직원의 도움을 받아야 한다. 사실 학교정원은 생명, 신비, 놀라움이 가득한 도서관인 것이다.

학교정원의 역사

인간을 이해하는 모든 것은 감각을 통해서 얻어진다. 사람의 첫 번째 이성은 감각 이성이고…… 우리 지식의 첫 번째 달인은 우리의 발, 우리의 손, 우리의 눈이다.

— 장 자크 루소, 『교육(On Education)』

학교정원의 개념은 새로운 것이 아니다. 18세기 유럽에서 시작하여 현대에 이르기까지 교육적 도구로서의 정원에 대한 많은 연구와 논문은 계속되어 왔다. 교육학의

초석을 세운 루소(1712~1771)에서 유치원 교육운동의 창시자인 프뢰벨(1782~1852)에 이르는 많은 철학자들은 감각 경험의 중요성을 강조하였다. 1879년 오스트리아에서 Erasmus Schwab은 『학교정원: 교육학에의 실질적 기여』를 출판하였다. 이 책은 학교에서 정원을 만들도록 지시하는 법을 강화하기 위한 도구로서 사용되었다(Desmond, Grieshop, & Subramaniam, 2003). 1891년 매사추세츠 주 Roxbury의 George Putnam School에 미국 최초의 학교정원이 만들어졌다. 미국은 20세기에 들어서면서 전쟁 복구 노력과 다양한 진보 시대 교육적 개혁의 결과로 학교정원(공동체 정원과 뜰 안 채소정원뿐만 아니라)이 번성하게 되었다(Trelstad, 1997). 캘리포니아대학의 Daniel Desmond, James Grieshop, Aarti Subramaniam은 세계 역사에 대한 방대한 분량의 연구를 정리하였으며, UN의 FAO에 제출한 논문 「기초 교육에서 정원기반교육에 대한 재논의」(2004)에서 학교정원 운동의 결과물을 기록하였다. 그들은 미국에서 학교정원에 대한 국가적 관심을 세 부분—진보 개혁과 전쟁 참여 시기(1900~1930), 반체제 및 환경운동 시기(1960~1970), 교육개혁과 환경교육에 대한 관심이 재개된 시기(1990~2000)—으로 나누어 설명하였다. 현재 기후 변화에 대한 관심, 아동과 자연과의 재연결 노력, 지속 가능성과 녹색정책의 중요성에 대한 인식과 함께 또 하나의 관심이 증가하고 있다.

학교정원 개념의 역사가 오래되었음을 인식하는 것이 중요하다. 당신이 프로젝트를 시작한다는 것은, 당신이 힘든 작업, 훈련, 협동, 자아의식과 같은 오랫동안 간직해 온 가치를 추가하여 가르치는 방법을 촉진하는 것이다. 또한 자연의 경이로움, 농업과 영양, 지역사회를 육성하는 교육을 촉진하는 것이다. 세계의 각기 다른 학교 공동체가 아동의 교육적 환경과 영양을 풍부하게 하고 증진시키기 위해 똑같은 프로젝트를 수행하고 있다. 과거와 마찬가지로 동기부여가 가장 중요하다.

공립학교 공동체에서 학부모 되기

만약 당신의 공립학교 학군이 우리와 같지 않다면, 당신의 교육청장과 공립학교 교장 선생님은 최선을 다해야 한다. 그들은 적은 수의 선생님들로 학교 도서관 사서 없이 일을 하고, 양육 시간을 줄이고, 학생들에게 덜 비싼 점심을 제공하고, 조경관리 시간을 줄이는 등 그럭저럭 해 나가도록 강요받는다. 대부분의 교육청장은

학교정원은 종종 기발하다.

　수업 외 예산을 삭감하려고 노력하며, 전형적으로 학교 시설 개선과 개발 프로그램은 타격을 받을 것이다.
　대부분의 도심지 학교 운동장은 관리를 쉽게 하고, 쉬는 시간에 학생들을 감독하는 데 필요한 직원을 적게 배치할 수 있도록 아스팔트로 포장되어 있다. 아스팔트 운동장에서 쉬는 시간에 주로 하는 놀이는 공놀이, 경쟁적인 게임 등이다. 이런 격

학교정원의 봄 Photo by Stephanie Ma

렬한 활동은 학생들이 스트레스를 해소하는 데 도움이 되며, 다양한 놀이를 제공하는 것이 게임공간과 공에 대한 경쟁을 감소시킨다. 학부모들처럼, 우리들도 아동들이 학교생활에서 자연과 연계되기를 갈망한다. 우리는 나무와 그늘, 살아 있는 식물 울타리, 식물로 가득한 올린 재배상, 통나무 또는 바위, 자연적인 학교 운동장, 생태계의 건강한 아름다움을 마음속에 그려 본다.

학교정원 생태계의 발전을 통해 자녀의 교육에 참여하고, 공동체의 일부가 되는 것을 통해, 당신은 아스팔트와 현재의 빈약한 학습 상황에 대항하는 풀뿌리 반란에 참여하게 된다. 이것은 공동체, 학교 그리고 자녀들에게 매우 긍정적이고 희망적인 투자다. 당신 자녀의 학교에 정원을 만드는 것은 현대적인 헛간 준공식 또는 이웃에게 베푸는 파티 같은 것으로, 학부모, 선생님, 지역사회 일원들의 다양한 그룹의 참여와 재능을 의미하며, 학교의 중심이 되는 오아시스가 될 것이다. 정원은 우리가 살고 있는 환경과 자연계에 대해 학생들을 교육할 수 있는 다양한 기회를 제공할 것이다. 적게 투자하여 학교 부지와 다음 세대의 학생들에게 환경에 대한 의식에 위대한 가치를 부여할 수 있다.

학부모들의 조직화 재능, 지역사회 운영 능력, 재정적 지원 등은 당신 이웃의 학교라는 뼈대에 살을 붙여 가는 것이다. 공립학교를 잘 운영하고 있는 교장 선생님에게 하루를 어떻게 사용하고 있는지 질문해 보라. 교장 선생님은 학교가 전문적인 직원들과 학교활동을 지원해 주는 학부모들 덕분에 잘 운영되고 있다고 말할 것이다. 학부모들은 자녀들이 학교생활에 충실하도록 활력이 넘치는 프로그램에 필요한 시간과 돈을 기부하고 있다.

지역사회와 유대 관계를 맺는 가치 있고 놀라운 길은 아동들이 공립학교에 즐겁게 다니는 것이다. 민주주의와 행정부, 지자체, 지방정치에 대한 넓은 시각을 배우는 좋은 교육 기회가 된다. 학부모로서 학교정원 프로그램을 개발하는 것은 공립학교가 참여할 수 있는 환상적인 방법이자, 다음 세대의 어린이에게 학교정원의 신비와 생태계를 소개할 수 있는 기회인 것이다.

이 책은 매우 소중하고 교육적 가치가 높은 학교정원을 개발하는 과정에서, 공립학교의 학부모들이 지역 교육청과 함께 적극적으로 작업하는 방법에 대해 단계별로 잘 설명해 주고 있다.

1 왜 학교정원인가

아동들이 주위의 생태계와 점점 멀어지고 있는 최근의 현상에 대하여 관심이 고조되고 있다. 아동들은 점점 더 밖에서 놀거나 탐험하기보다는 컴퓨터나 비디오 게임기 앞에 앉아서 가상현실을 탐색하고 있다. 이에 대한 이유는 많이 보도되고 있고 폭넓게 논의되고 있다.

부모들은 집 밖이 위험하다는 인식의 두려움으로 인해 아동들을 더욱 보호하게 되었고(Clements, 2004), 지난 세기 동안 등장한 자동차의 폭발적 사용으로 인해 거리에서 아동들이 놀 공간이 점점 부족해지고 있으며(Karsten, 2005), 인구의 급격한 변동으로 인해 농촌에 사는 가정의 수가 급감하고 있고, 아동들은 저항할 수 없는 미디어와 전자오락의 홍수 속에서 집 안에서 더 많은 시간을 보내게 되었다(Roberts, Foehr, & Rideout, 2005; Rideout & Hamel, 2006).

도시 지역에서는 상대적으로 공터나 공원, 개방된 자연 공간의 부족으로 인해 아동들이 자연과 접촉하는 기회가 희박해지고 있다. 학자나 언론인, 교육전문가, 정치인, 환경론자들 사이에서 이러한 비접촉의 결과에 대한 문제를 제기하고 있다. 아동들이 직접 나가서 자연에 대한 탐구를 하지 않고도 생태계에 대한 감각을 최대로 키울 수 있을까? 아동들이 스스로 열정과 의지와 두 손을 가지고 하찮은 재료와 창조성으로 집 밖의 어딘가에 요새를 짓는 기회를 가져 보지 않고서 독립적으로 문제를 해결하는 것을 배울 수 있을까? 아동들이 야외에서의 자유로운 놀이나 행동의 결여로 인해 주의력 결핍장애나 비만으로 고통받고 있지는 않은가? 이

야외 교실에서 교과를 진행하고 있다.

학생들이 재배상을 흙으로 채우고 있다.

에 대한 대응으로 교육학자들은 적극적이고 일생을 통한 자연놀이에 대해 쓰고 있다. 언론인 리차드 루브(Richard Louv)는 『숲의 마지막 어린이, 자연 결핍장애로부터 우리 아이들을 구하기(Last Child in the Woods, Saving our Children from Nature Deficit Disorder)』에서 '아동과 자연 네트워크'를 지지했다. "아동을 방 안에 두어서는 안 된다."는 법률은 의회가 생기기 전에 있었다고 했으며, 환경단체에서는 아동들과 가족을 텔레비전에서 멀리하고 야외로 내보내기 위해 노력했다.

반면에 우리 학교는 어떤가? 우리는 플라스틱 놀이기구를 넘어 자연놀이를 함께 할 수 있는 교정이나 자연적인 세계의 한 부분을 상상하게 할 수 있는가? 우리는 교실에서 가르친 수학이나 과학, 언어를 확대할 실제 야외 교실을 지을 수 있는가?

학교정원은 학생들이 주위의 생태학과 다시 연결될 수 있는 공간을 제공한다. 정원은 학생들에게 농업을 가르치고, 우리가 스스로를 어떻게 먹여 살릴 것인지, 한 개인으로서 책무의 중요성, 이 지구상에서 우리의 생명을 유지하게 해 주는 자연체계에 대한 감사 등을 가르친다.

이 장에서 우리는 핵심 교과목이 살아나는 실험적이고, 실제적인 교육도구로서 학교정원의 중요성에 대해 토의할 것이다. 우리는 학교정원 프로그램의 이점에 대해 공인된 연구에 대해 탐구할 것인데, 이는 곧 실험적, 아동 중심적, 예리한 관찰력과 비판 및 독립적인 생각을 길러 주는, 그리 잘 정돈되지 않은 정원과 생활의 기술 성취 등의 장점을 극구 칭찬하는 연구들에 관한 것이다. 우리는 또한 학교정원 매년 봄 나의 4~5학년 학급은 정원에 와서 필히 '미시시피 강'이란 활동을 하곤 했는데, 그것은 우리 정원의 전통적인 활동이었다. 나는 몇 번이고 그것을 '콜로라도 강'으로 부르라고 타일렀는데, 이는 우리의 실습으로 형성된 물길이 침식성이자 협곡성인 형태로 미국 서부의 강과 많이 비슷했기 때문이다. 나는 물길이 언덕의 꼭대기에서 모래 비탈 밑을 지나 재배상을 따라 땅을 파놓은 지역으로 흐르도록 했다. 초보적인 물길이 학생들의 모종삽의 도움으로 만들어졌다. 학생들 중 일부는 돌과 막대기로 강둑을 따라 마을과 도시를 짓고, 일부는 끝에 커다란 저수지를 만들었다. 또, 어떤 아이들은 강에서 멀리 떨어져서 농작물에 물을 대거나(소나무 가지와 잎으로), 마을에 물이 흘러가도록 만들었다. 그리고 물은 계속 흘렀다. 그러나 활동 중간에 가끔은 어떤 지점에서 물이 소량밖에 흐르지 않아 아이들이 어쩔 수 없이 부산스러움을 멈춰야 할 때가 있었다. '어이, 물이 어떻게 된 거야?'

우리는 조사를 했다. 가끔은 새로운 설치물들로 인해 분수 지점이 늘어난 것이 역류하게 만든 범인이었고, 때로는 언덕 꼭대기 위에 있는 '눈 덮인 들판'이 너무 낮아서 하류로 물을 흘려보낼 만큼 물이 충분치 않았던 일도 있었다. 어떤 때는 물길이 너무 세서 마을을 쓸어 버려 강 주름을 형성하여 깊은 계곡을 이루기도 하였다.

결국 나는 물길을 돌려야 했고, 우리의 토론이 뒤따랐다. 물은 지형의 창조자다. 물은 자원이다. 물은 한정되어 있다. 물은 재산의 파괴자가 될 수 있다. 우리가 창조한 이 작은 세상에서 무엇이 문제인가? 해결책은 무엇인가? 지형은 어떻게 형성되는가? 지형의 아름다움은 무엇인가? 학생들에게는 즐거움, 그 자체였던 이 단순한 활동은 학구적인 요소 외에 셀 수 없이 많은 공부거리를 던져 주고 있었다. 학교정원은 이처럼 재미난 노력을 하기에 이상적인 장소였다. 결국 저수지는 텅 비고 물은 우리의 원래 정원으로 들어왔다. 마침내 우리는 언덕 아래에서 양동이로 모래를 파다가 강바닥과 협곡을 메우고 갈라진 바닥을 보수했다. – RKP

에서의 자유롭고 상상력이 풍부한 자연놀이의 가치에 대한 몇몇 생각들을 함께 살펴볼 것이다.

정원을 기반으로 한 학습과 경험적 교육

정원에서의 학습은 직접경험과 실험을 통해 일어난다. 농작물은 자신들의 씨앗을 다시 뿌리게끔 되어 있다. 호박은 일부분을 남겨 놓아 부패하고, 결국에는 싹이

L 살아 있는 수학 문제
　Photo by Ayesha Ercelawn

R 야외 교실에서의 흙 탐색
　Photo by Stephanie Ma

피어 다음 세대가 탄생하는 것을 학생들이 관찰할 기회를 제공한다.

아동들은 물을 경사진 모래언덕 아래로 흘려보내 지형이 형성되는 것을 관찰한다. 학교정원은 시행착오적인 접근 방식을 통해 배울 수 있는 야외 교실로서 손을 이용하여 마음이 직접 느낄 수 있는 결과를 얻음으로써 문제해결을 하게 한다. 정원기반학습은 간단하게 '정원을 가르침의 도구로 이용하는 교수-전략'이라고 정의할 수 있다(Desmond, Grrieshop, & Subramaniam, 2003).

이 정의는 학생들의 이해를 성취하기 위한 야외 교실의 다양한 접근방법들을 충분히 설명하지는 못한다. 하지만 전통적인 교실은 종종 빈틈없이 짜여 있고, 교육의 기준대로 가르치라는 학교의 명령에 의해 움직인다. 학교정원 또한 교과 진행표에 따라 가르친다. 하지만 학교정원은 천성적으로 역동적인 교육환경으로 확장할 수 있는 다양한 기회를 제공한다.

씨앗을 뿌려 싹이 트고 자라는 것을 돌보기, 벌새가 샐비어를 수분시키는 것을 관찰하기, 백리향의 잔가지 냄새 맡기, 잡초 제거하기, 그 밖의 다른 많은 직접경험은 어린아이에게는 자신을 둘러싼 세계에 대한 감각을 발달시키는 데 필수적이다.

행동을 통해 배우고 모든 감각을 자극하는 것을 통해 배움으로써 학교정원은 전통 교육이 표방하는 목표를 북돋우고 고양시킬 것이다. 정원은 또한 학생들에게 학습은 어디서나, 특히 교실 밖에서도 이루어질 수 있다는 것을 가르친다.

학교정원의 유익-사례 만들기

학교정원의 유익은 많으며, 다양한 그룹의 실천가와 연구가들이 뒷받침하고 있다. 많은 연구들이 지적하기를 학교정원은 학업성취도를 높이고, 건강한 생활습관을 길러 주며, 파수꾼의 원리를 보여 주고, 공동체와 사회의 발전을 고취시키며, 지역에 대한 감각을 불어넣는다고 한다. 이 장에서는 교육적, 영양학적, 환경적, 공동체와 개인의 수준에 관한 유익이 입증된 연구 논문에 대하여 언급하고자 한다.

이와 같은 자료들은 학교정원 프로젝트를 만드는 데 도움이 될 것이고, 마지못해 이 프로젝트를 실행하는 교장이나 학교 인사들에게도 도움이 될 것이다. 적절한 연구를 검토해 보는 것은 프로젝트의 기초를 세우는 데 많은 도움이 될 것이다.

학교정원의 유익

》 학업성취도를 높인다.
》 건전한 생활 습관을 길러 준다.
》 환경적 책무의 윤리를 스며들게 한다.
》 공동체와 사회의 발전을 고취시킨다.
》 지역에 대한 감각을 길러 준다.

내가 가을 학기에 처음 맡게 된 유치원 학급은 재빠르고, 야외 교실에서의 작업에 관해 설명도 제대로 듣지 않던 다섯 살짜리들이었다. 나는 그들이 교정을 올라 내가 기다리고 있는 곳으로 오면서 재잘거리는 소리를 들었다. 약간 질서 있던 줄이 문 안쪽으로 들어오자 무너졌고, 아이들은 이리저리 뛰며 손가락질을 했다. 그들은 사과나무를 배트로 치고 라일락 나무에서 윙윙거리는 벌을 보고 손을 재빨리 뒤로 빼고 비명을 질러댔다. 한 여자아이는 햇볕 아래 흔들리는 커다란 코스모스 더미로 바로 달려가더니 두 개의 꽃을 따서 양손에 쥐고 친구와 함께 밀짚 더미에 앉으며 나를 쳐다봤다. 나는 좀 어리둥절한 채 앉아 있었다. 감사하게도 유치원 학급은 보통의 45분이 아닌 30분 수업이었다.

후에 나는 노련한 교사들은 그 산만한 집단을 향해 조용히 관찰한다는 유치원 학급의 강의 기술을 배웠다. 나는 이들 첫 정원사들이 자연의 놀라움의 가장 단순한 것에 완전히 넋이 나가는 것을 보는 순수한 즐거움을 발견했다. 처음으로 당근을 뽑아 올리며 눈이 커지고 놀란 표정을 하는 것을 보고, 내 마음속에 기적이 휩쓸고 지나가는 것을 느꼈다. 우리 학생들 중 가장 어린 학생들과 함께한 이 순간에 야외 교실로서의 정원의 힘에 대한 신념을 키웠다. 그들은 경험하는 모든 것을 흡수했다. 다음 시간에 그 학생들은 조용히 벌을 지켜보고, 라일락이라고 이름을 부르고, 우리가 먹는 채소 구역을 탐험하고 난 후에는 당근이 '맛있는 오렌지 뿌리'로 알려졌다. - RKP

학교정원은 협동심을 길러 준다.

학교정원은 학업성취도를 높여 준다

학교정원과 야외 교실이 특히 초등교육의 학업성취도를 높여 준다는 연구 보고서가 여럿 있다. 환경교육의 한 형태로서 정원 가꾸기는 수학이나 과학, 글쓰기, 사회 및 학업에 대한 전체적인 자세 등의 면에서 훌륭한 성취도를 보여 주고 있다. 학교정원은 살아 있는 실험실이자 도서관이며, 문제가 제기되고 해결되는 곳이다. 정원은 시를 쓰도록 시상을 제공하며, 식물이 얼마나 빨리 자라는지 해답을 얻기 위한 그래프를 그리는 데 필요한 데이터를 제공한다.

정원은 역동적인 자연을 통해 진정성과 직접적인 실험, 의문에 기초한 학습으로의 접근 등을 구현한다. 이에 대한 흥미진진한 연구 결과가 있다.

텍사스 A&M 대학교는 정원에서 배우기와 과학적 성취도의 연관성에 관한 몇 가지 연구를 진행했다. Growing Minds(2005)의 서문에서 밝혔듯이, 텍사스 템플 지역의 7개 초등학교 3~5학년 학생 647명을 대상으로 과학적 성취도에 관한 연구를 수행했다. 과학 과목의 일부로서 실험 그룹의 학생들은 전통적인 실내의 교실 수업과 더불어 학교정원 활동에 참여했다.

반대로 나머지 학생들은 전통적인 방식으로만 과학을 배웠다. 연구 결과 실험 그룹에 속한 학생들이 그렇지 않은 학생들에 비해 과학 성취도에서 훨씬 더 높은 점수를 받은 것으로 나타났다(Klemmer, Waliczek, & Zajicek, 2005: 448-452).

1998년에 다수의 주 교육부서가 후원한 연구인 '성취도 차이 극복하기: 학습의 종합적인 배경으로 환경을 이용하기'에서는 초등학교 시절 학교정원을 포함한 환경에서 교과과정을 경험한 젊은이들이 수학, 읽기, 언어, 철자법 등의 표준 평가에서 더 좋은 평가를 받은 것으로 나타났다(Lieberman & Hoody, 1998). 비슷한 연구가 2000년과 2005년에 이어졌는데, 여기서도 처음의 연구와 마찬가지로 학교정원을 체험한 이들에게서 더욱더 긍정적인 결과가 나왔다(SEER, 2000, 2005).

국가정원협회는 3~4학년을 대상으로 GrowLab을 이용한 연구를 하였는데, 이는 온실이나 학생들이 식물이 성장하는 것을 관찰하는 발아 시설이 있는 실내 수업 중 하나를 선택해서 공부하는 교과과정이다. 여기서도 GrowLab 학급의 학생들이 GrowLab을 이용하지 않은 학생들보다 생활과학의 개념이나 과학 질문 숙련도에서 더 높은 점수를 받았다(Pranis, 1992).

학교정원은 씨앗에서부터 식물이 자라는 것을 직접적으로 실험하며 관찰할 수 있는 야외 실험실이다. 학생들은 매일같이 가설을 세우고 테스트하는 것을 배운다. 물을 안 줘도 씨앗이 자라날까? 만일 실수로 덮개로 가려서 빛을 막아 버리면 어찌 될까? 12월 초에 씨앗을 뿌려도 싹이 날까?

다수 그룹의 학생들이 학교정원에서 다양한 방식으로 공부할 수 있도록 적절한 자연경관을 조성해 주도록 한다. 이러한 새로운 배치를 과감히 시도하는 교사라면 이전에 어려움을 겪던 학생에서 생각지 못한 강인함이 드러나는 것을 발견하게 될 것이다.

매년 교사들이 그 이름만 들어도 한숨을 쉬고 머리를 흔들던 아이들이 있었다. 이 아이들은 가만히 앉아 있지도 못할뿐더러 주의가 산만했고 다루기가 어려웠다. 심지어 정원에서도 주의를 집중하기가 어려웠다. 하지만 때로는 이 활기 넘치는 아이들도 정원 수업에서는 쓸모가 있었다. 그들은 잘 해냈다. 줄지어 심은 당근을 어떻게 속아 내는지 단 한마디만 설명해도, 그들을 감독하지 않아도, 밭 전체를 꼼꼼하게 살폈다. 정원은 그들이 넘치는 에너지를 쏟아 그들의 손으로 문제를 해결하는 방편이자, 공간이었다. - RKP

학교정원은 전통적인 실내 수업에서 가르치고 배우는 행태로부터, 쉽고 안전하게 쉴 수 있는 공간을 제공한다.

학교정원은 건전한 생활 습관을 증진시킨다

많은 연구들이 기하급수적으로 아동 비만이 증가하고 있음을 보여 주고 있고, 이것이 우리의 미래에 어떤 결과를 가져올지에 대한 중요하고 의미 있는 경고가 있다(Troiano et al., 2006). 아동들은 좋은 영양에 대한 산지식과 건강한 삶의 방식에 대해 놀라운 유익을 얻으며, 이것을 학교정원에서 흥미롭게 배운다. 학교정원이 학생들의 영양에 대한 인식과 실행에 압도적으로 긍정적인 영향을 미친다는 많은 연구가 수행되었다. 정원에서의 경험은 학생들이 먹는 채소에 대한 지식과 태도를 끊임없이 개선시켜 주고, 또한 이들 음식에 대한 소비를 증가시킨다. 신선한 채소를 요리하여 친구들과 식사를 즐기는 것부터 정원을 가꾸는 어렵고 육체적인 작업에 이르기까지 학생들은 즐겁고 긍정적인 생활 습관을 배우기 시작한다.

2007년에 발표된 한 연구에 따르면 6학년 아동들을 정원에 바탕을 둔 영양 교육 프로그램에 참여시킨 결과, 그들에게 공급하는 일일 과일 및 채소가 2.5배 늘었고, 과일과 채소 전체 소비량이 2배 이상 늘었다. 손으로 가꾸는 정원과 프로그램에서 쉽게 과일과 채소를 접할 수 있다는 것은 학생들에게 먹을거리의 선택에 아주 중요한 영향을 미쳤다(McAleese & Rankin, 2007: 662-665). 다른 보고서에 따르면 정원에 바탕을 둔 영양 교육을 받은 4학년 학생들이 일반 영양 교육을 받은 아동들에 비해 특정 채소를 먹어 보려는 의지가 더 강했다. 또한 그들의 긍정적인 태도는 교육이 끝나고도 최소 6개월 이상 지속되었다(Morris & Zidenberg-Cherr, 2002: 91-93).

학부모들이 끊임없이 복도나 학교 행사장에서 나를 불러 세우고는 이전에 채소를 싫어하던 아이들이 이제는 집에서 샐러드를 먹는다고 말했다. 그들 말로는, 집에 소스—우리가 정원에서 만들었던 비네그레트(식초에 갖가지 허브를 넣어 만든 샐러드용 드레싱)의 학생들의 표현—가 없다는 불평을 하기는 해도 예전과 달리 샐러드를 먹는다는 것이다. 항상 심고, 돌보고, 수확하고, 자신들의 먹을거리를 준비한 학생들은 그것이 한 아름의 상추건, 근대건, 한 움큼의 당근이건 간에 좋아한다는 것을 나는 알고 있다. 수확하는 날은 너무 흥분되어 그 과정의 마력을 쓸어 버릴 수 없었다. 시식은 최후의 대히트작이었다. - RKP

인도 위 작은 녹지에 씨앗을 심고 있는
학생들 Photo by Stephanie Ma

갓 수확한 당근을 먹고 있는 학생들

몇몇 연구는 자신들의 먹을거리를 재배한 학생들이 신선한 과일이나 채소를 더 잘 먹거나 더 선호도를 표현한다고 한다(Libman, 2007: 87-95; Lineberger & Zaijeck, 2000: 593-597). 학교정원에서 학생들과 수확하고 요리하고 시식하는 정원사라면 누구나 이야기할 것이다.

학교정원은 학생들을 신선한 채소와 접촉시키는 것 외에 육체적인 일을 요구한다. 단순하게는 잡초를 뽑거나, 포식자를 사냥할 단서를 찾거나, 유기비료를 주거나, 뿌리덮개로 덮어 주는 것(멀칭)은 활동과 움직임을 필요로 한다. 넓게는, 책상 의자에 앉아 있는 것과는 달리 야외 교실은 본디 역동적이고, 어렸을 적에 스스로 발견해야 할 아주 중요한 지식을 몸에 체득하는 것이다. 육체적 활동에 긍정적이고 쉽게 다가갈 수 있는 분위기를 만들어 내는 것은 일생 동안 지속적으로 효과를 낸다.

학교정원은 환경적 책무의 윤리를 스며들게 한다

모든 하교는 시골이건 교외건 도심이건 간에 분수계(分水界)와 생태계 안에 위치한다. 학교를 둘러싼 것이 동네의 콘크리트 샛길이건 넓은 숲이건 간에, 크게 봐서 수돗물과 폐수, 전기가 이 생태계를 들락거린다. 이 시스템은 명료하게 학교정원에서 표현할 수 있다.

많은 학생 활동이 학교의 생태계 발자취 역할을 한다. 즉, 따뜻한 오두막에서 음식 찌꺼기나 녹색 폐기물로 혼합비료를 만드는 것, 작년에 앉았던 밀짚 더미로 덮어 주기, 오두막 지붕에서 받은 빗물로 물 주기 그리고 학교 주변에 버려진 쓰레기 모으기(그리고 그것을 '쓰레기 매립장'이라고 명명한 오두막에 넣기) 등이다. 학교가 거주한 지역의 생태계를 이해하고 돌보는 것은 학생들에게 환경을 돌보는 윤리 의식을 스며들게 한다. 학교에서의 진심 어린 가르침은 가정에서 이웃으로 전달되며, 다른 지역으로 전달된다.

2007년 세대 간 정원 가꾸기 프로젝트(정원에서 학생과 조부모 세대가 함께 정원 가꾸기)에 참여한 학생들이 생태계와 보살핌에 대하여 더 잘 인식하는 것으로 나타났다. 학생들은 환경을 돌보는 것에 흥미를 보였고, 생태학적 원리로서 자연과 연결되어 있다는 것을 이해했다(Mayer-Smith & Peterat, 2007: 77-85).

텍사스에서 행해진 또 다른 연구에서는 학교정원 프로그램에 참여한 2, 4학년 아동들이 그렇지 않은 아동들보다 아주 긍정적인 환경적 자세를 보였다고 발표했다(Skelly & Zajitek, 1998: 579-583).

학교정원은 공동체를 고무시키고 사회적 발달을 증진시킨다

삶의 기술, 예를 들면 협동심, 자원봉사 정신, 자기이해, 리더십, 의사결정 능력, 의사소통 기술 등은 종종 정원에 기초한 교육의 산물로 인용된다. 일 년간 정원 가꾸기 프로그램에 참여한 3~5학년 학생을 대상으로 한 어떤 조사에서는 자기이해와 협동심이 상당히 증대되는 것을 보여 줬다(Robinson & Zajicek, 2005: 453-457). 이 능력들은 공동체는 물론 개인에게 있어서도 건강 증진에 필수적인 것들이다. 학생과 교사는 함께 만든 샐러드를 들고 나무 밑 의자에 앉아 먹으면서 대화에 열중한다. 고학년 학생들은 정원에서 사회봉사 시간을 마치고 저학년 학생들을 지도하거나, 청소나 오두막 짓는 것을 도와준다. 그리고 정원은 학교 내의 많은 관계의 중심체가 되어 공동체는 파티나 일할 날을 계획하고, 이를 지원할 모금활동을 하도록 해 준다.

학교정원은 지역에 대한 감각을 길러 준다

우리 지역이나 주위 서식지에 대한 감각은 점점 더 불분명해져서 전 세계적으로 난개발이 자연경관을 마구 해치고 있다. 지역에 대한 감각은 우리가 누구인가를 이해하는 데 기반이 된다. 우리 지구상에서 자연은 어떤 모습과 느낌과 냄새인가는 우리가 세계의 다른 이들과 무엇이 같고, 다른지를 구분하는 데 도움을 준다. 만일 이 지구상에서 각각의 지역이 올바르게 인식되지 못한다면, 어떻게 우리의 아이들이 자라나서 기후 변화나 우림 지역 감소 등 커다란 지구적 문제들을 다룰 수 있겠는가? 지역에 대한 감각을 키우는 것은 생태계에 대한 인식과 책임감을 형성하는 데 매우 중요하다.

서식지에서 무슨 일이 일어나는지에 대한 정보가 많이 있다. 즉, 기후, 토양, 지질학, 지형학, 문화적 전통 그리고 역사 등이 그것이다. 이 모든 개념들은 학교정원에서 설명이 준비되어 있다. 지역에 기반을 둔 개념을 집중 조명하는 강의들이 많이 있는데, 예를 들면 당신 지역의 특정한 원주민을 연구하는 것, 당신 정원의 토양은 어떤 형태이며 기질은 어떤지를 분간하는 것 또는 당신의 정원이 도시의 어느 부분에 있고, 어떤 생명체가 그곳을 드나드는지를 관찰하는 것 등이다. 이런 강의들로 인해서 학교정원은 환경을 돌볼 다음 세대를 길러 내는 지역 기반의 야외 교실의 본보기가 될 것이다.

학생들에게는 정원에 가는 것이 탐험이다. 그들에게 정원의 무엇이 가장 좋으냐

달팽이를 잡는 것은 인기 있는 활동이다.

> 정원 수업이 어떻게 표면상으로 세상에 확장되는지를 주목하는 것은 흥미롭다. 학생들은 그들이 시간을 내어 학교정원에서 뽑아야 하는 잡초들이 자기 집 정원에도 있다는 것을 금방 알아차린다. 그들은 가까운 공터나 공원에 가면, 똑같은 잡초를 구분해 내고 그것들이 토종식물과 어떤 관계를 맺으면서 서로 작용하는지 이해한다. - ABS

고 물어보면 민달팽이나 달팽이 잡기, 땅을 파면서 상상의 세계를 창조하기, 채소를 수확하고 샐러드를 먹는 일 또는 단순히 수업시간에 밖에 있다는 것과 탐험할 수 있는 것이라고 답할 것이다. 학생들이 이러한 일에 열심인 것이 교육자를 고무시키는 점은 '정원 시간'이 교육하는 시간이라는 것이다. 전통 교실에서 다루는 개념과 표준들이 정원에서 살아난다. 즉, 학생들은 민달팽이와 달팽이 숫자를 비교하여 헤아리고, 여분의 밭 길이를 재고, 자신들이 수확한 녹색 잎채소의 비타민과 미네랄을 측정한다.

자연과의 실제 경험은 관찰과 반영을 이끌어 추상적 개념을 보다 잘 이해할 수 있도록 한다. 학생들은 밭의 잡초를 뽑으면서 이들이 물과 영양소를 놓고 농작물과 경쟁한다는 것을 배우고, 사탕무 밭을 돌보면서 후에는 공간과 솎아 내기의 개념을 이해한다. 샐비어 꽃잎 과즙을 맛보는 것은 식물과 수분자의 관계에 대한 탐험을 요한다. 학생들은 자기 주변의 작업을 통해 이 시스템을 직접 배우는데, 처음에는 직접적으로, 다음에는 더 간접적으로 배우게 된다.

상상력 있고 자유로운 자연놀이

가르침의 도구로서 정원은 학업성취도와 연구의 방안일 뿐만 아니라, 자연의 경이로움을 만날 수 있는 공간이다. 학교정원은 종종 디자인과 배치에서 변덕스럽고 흐름이 자유롭다. 학교정원에 들어서면서 당신은 연못이 어디인지를 알려 주는, 어느 밭에 뚱딴지와 토마토를 심었는지를 알려 주는 묘한 손 글씨의 신호를 보게 될 것이며, 정원 요정과 땅 신령을 위해 임시로 지은 마을을 보게 될 것이다. 사람들은 점점 더 아동들에게 호기심과 상상력의 감각을 키워 주는 것이 얼마나 중요한지 알게 될 것이며, 학교정원은 자연적이고 개방적인 놀이를 할 수 있는 승강장이 된다.

한 학년이 끝날 무렵, 2학년 아이들이 해바라기 재배상에 물을 주고 있었는데 그것은 피트 컵에 싹을 틔워서 교실 창턱에 놓아둔 것이었다. 한 학생이 5cm 크기의 묘목 몇 개가 짓밟히고, 줄기가 부러진 것을 발견했다. 그들은 쉬는 시간에 멀칭 재료에서 찾은 작은 막대기와 도구 창고에서 찾은 끈으로 그 작은 해바라기 묘목에 조심스럽게 부목을 대 주었다. 학생들은 의사놀이에 깊이 빠져 있었고, 나는 그들의 환자에 대한 주의와 보살핌에 감명받지 않을 수 없었다. 이후 9월에 그 짓밟혔던 해바라기들이 살아났을 뿐만 아니라, 2미터에 달하는 괴물로 성장한 것을 보고 우리 모두는 특별한 감흥을 받았다. 묘목이 부러졌던 유일한 흔적은 아직도 줄기에 매달려 있는 실 조각뿐이었다. - ABS

교정에서의 놀이 종류는 흔히 농구나 피구 같은 공놀이이거나, 아니면 줄넘기 같은 일반적인 놀이다. 정원과 자연놀이가 더해지면 많은 학생들이 좋아하는 상상력이 풍부한 놀이 종류가 늘어난다. 일정한 체계가 없는 놀이의 가치를 입증하는 연구들이 많이 있다. 그 연구들 모두가 자연놀이에서 오는 인지적 혜택에 초점을 맞추고 있는데, 이를테면 창조성, 문제해결력, 집중력, 자기훈련 등이다. 사회적·정서적 혜택으로는 종종 협동성, 유연성, 스트레스 감소, 공격 성향 감소 등을 들고 있다(Burdette & Whitaker, 2005; Kellert, 2005).

광적으로 스포츠를 좋아하는 학생까지도 일과처럼 즐기던 농구를 마다하고 참나무 밭에서 올라온 매력적인 잔가지 더미를 찾는 것을 보았다. 1~2학년 아이들은 며칠이고 잔가지 더미를 이용하여 창조성 있는 놀이를 하고 있었다. 올라온 가지들은 수탉 꽁지가 되고, 요새, 기차, 빗자루, 기타 셀 수 없이 많은 발명품들이 되었다. 갑자기 농구장은 한산해졌고, 사각의 선은 그리 길어 보이지 않았다. - ABS

연구자료 및 현존하는 단체들

학업성취도 향상, 건전한 생활 습관 증진, 책무의 원리 설명, 공동체와 사회적 발전 고취 및 지역에 대한 감각 기르기 등 학교정원의 효능에 관한 많은 참고자료와 연구들이 있다. '캘리포니아 학교정원협회'(www.csgn.org)는 정원에 바탕을 둔 교육과 학생들의 성취도 및 환경교육에 대한 그의 영향에 관한 많은 연구 자료들을 갖고 있다. '아동과 자연 네트워크'(www.childrenandnature.org) 또한 아동들의 자연과 연결 결핍에 관한 관심을 실체화하고, 인식을 키우는 기회가 중요하다는 내용의 유용한 연구 논문을 보유하고 있다. 당신의 공동체가 학교정원 조성의 정당성을 요구할 때 이들이 유용할 것이다. 지역에 학교정원을 도입하기 위하여 원리적인 개념과 이용에 대해 이해하고 있다면, 당신은 그 일을 조직하고 지원을 집결시킬 준비가 되어 있는 것이다.

흙을 탐색하고 있는 유치원 아동들

여러 층으로 구성된 학교정원 프로그램

2 준비 작업 구상하기

  학교정원 프로젝트에 대한 지원과 활용, 지속성을 확실히 하기 위해서는 땅에 삽을 대기 전에 해야 할 일이 많다. 이 장에서는 만일 당신의 학교가 학교정원을 시작할 준비가 되어 있고 무르익었다면, 당신이 일을 시작하고 이해하는 데 도움이 될 만한 첫 번째 탐험 단계의 윤곽을 그려 줄 것이다. 장기간의 흥미를 이끌어 내기 위하여 혼자서 모든 일을 감당하려 하지 말고 위원회를 구성하는 것이 필요하다. 이 장에서는 그 작업을 최고로 잘할 수 있는 아이디어와 실례를 준비했다.

변형된 학교 운동장

숙제를 하라

첫 단계로, 인터넷으로 정원을 기반으로 한 교육을 지원하는 단체가 주변이나 타 지역에 있는지 조사할 때는 '야외 교실'이나 '학교정원'과 같은 키워드를 사용하라. 아주 중요한 이 첫 번째 단계는 학교정원 영역에서 이미 무슨 일이 일어나고 있는지를 이해하는 데 유익하고, 그 일을 더욱 효과적으로 할 수 있게 해 주며, 생각을 가시적이고 명료하게 해 준다. 만일 지역의 다른 학교가 이미 정원을 가지고 있다면 그들과 견학 약속을 잡고 정원을 어떻게 키워 왔고, 어떻게 활용되는지 잘 관찰하라. 한 번의 만남으로도 당신은 해야 할 것과 해서는 안 되는 것을 정리할 수 있다. 정원 울타리 너머로 슬쩍 바라만 봐도 정원을 잘 아는 사람—교사나 학부모—을 찾을 수 있을 것이다. 그들이 어떻게 정원 프로젝트에 관리자들의 지원을 받을 수 있었는지, 정원 프로그램이 학교 수업과 어떻게 통합되어 있는지를 알아내라. 대부분 잘 가꾸어진 학교정원은 그곳의 인적자원이 갖고 있는 경험이나 교과과정, 전략들을 공유하며 새롭게 시작하는 정원 프로그램을 도울 수 있다. 당신이 지역 내에서 첫 번째로 정원을 만든다면 정원의 분명한 목표를 설정하기 위하여 다른 나라나 지역을 광범위하게 찾아보라. 기존의 네트워크에 끈을 가짐으로써 많은 수고와 시간을 절약할 수 있을 것이다.

내가 처음 학교정원을 만들 가능성을 탐색하려고 마음먹었을 때, 나는 내 생각이 그 많은 사람들과 나란한 트랙을 달리고 있는지 알 수 없었다. 나는 학교정원에 대하여 들은 바가 없었고, 그래서 이 훌륭한 생각이 내 자신으로부터 나온 것이라 생각했다. 일정표를 만들고, 무엇을 가르칠지 생각해 내고, 아이들과 학교 공부에 어떻게 연계할 것인가를 이해하는 데 얼마나 많은 에너지가 소요될까? 하지만 아이들을 문밖으로 나가게 하고, 자양분을 주고, 환경교육 및 학교정원 설립 등을 지원하는 데 흥미를 가진 더 큰 단체가 있다는 것을 알자마자 모든 일이 손쉬워졌다. 우리는 서로를 지원하고, 새 프로젝트를 도와주고, 대화하며, 사교적으로 함께 지역단체를 만들어 가기 시작했다. – ABS

학교정원을 계획하기 전에 해야 할 과제

» 화원이나 정원클럽, 보태니컬 가든, 생태학습장과 같은 지역 내 정원 관련 조직을 찾아가서 그들에게 학교정원과 관련된 내용이 있는지 알아보라. 만약 그러한 정보가 없다면, 그들에게 갖추도록 권한다.

» 지역에 학교정원이 있으면 그곳을 방문하라. 그곳의 정원 코디네이터를 잘 따라 하여 운영기술에 대한 감각을 익히고, 프로그램 관련 요소들을 구하라.

» 인터넷을 검색하여 전국에 설립되어 있는 학교정원을 찾아 가능한 것이 무엇인지 조사하라.

 시작하기

탄탄한 정원 프로젝트의 기초를 다지는 첫 번째 과제는 교장을 설득하는 일이다. 학교정원 프로그램이 학교의 교과과정을 뒷받침하고 있는 여러 수준의 예를 설명하면 교장의 관심과 지원을 이끌어 낼 수 있는데, 이것이야말로 모든 성공한 학교정원 프로젝트의 핵심적인 요소다. 그것 없이는 정원 프로젝트를 진행시키기가 어려울 것이다. 더불어 학부모나 공동체의 힘을 과소평가해서는 안 되는데, 이를 조심스럽게 잘 이용하면 심지어 가장 주저하던 관리자들의 지지를 얻어 낼 수 있다.

만일 몇몇 관심 있는 교사들이 프로젝트에 함께 매달린다면 교장은 더욱 우호적으로 기울어 프로젝트에 영향력을 행사할 것이다. 여러 교사들을 참여시켜도 역시 도움이 될 것이다.

교장은 이 정원이 학교의 다른 프로그램들과 어떻게 협력하고, 어떻게 핵심 교과과정과 통합할 것이며, 어떻게 교사들이 야외 교실로 활용할 것인가를 분명히 보여주는 요강에 기뻐할 것이다. 학교정원이 교실 수업의 배출구나 자원이기보다는 학교의 자산이 될 것임을 강조하라.

교장의 핵심 업무 중 하나는 교사들을 지원하는 것이라는 것을 상기하자. 그래서 학교정원은 교사들에게 교과과정이 정말로 살아 있는 교실을 추가로 제공함으로

학교정원 개관의 예

벤자민 프랭클린 초등학교정원
야외 학습 정원을 만들 수 있는 가능성을 탐색하는 노력의 일환으로, 우리는 간부들과 공동체 구성원들을 가담시켰고 야외 교실에서 적용할 수 있는 표준기반 교과과정에 대하여 조사했다.

정원위원회 회원
- 1학년 학부모 2인
- 3학년 학부모 1인
- 4학년 학부모 1인(PTA 회원)

정원 프로그램에 관심을 보인 교사들
- 3학년 담당교사 1인
- 유치원 담당교사 1인
- 2학년 담당교사 1인

정원 부지 위치
위원회는 정원을 마당의 남서쪽에 둘 수 있는가에 대한 가능성, 아니면 대안으로 특수교육을 위한 방갈로의 서쪽 공간을 야외 교실로 사용할 수 있는지를 조사하고 있다. 다음 단계는 햇볕과 물 이용 가능 여부를 확인하는 일이다.

현장 유지 보수
학부모와 학생들은 주말 작업일에 정원을 조성할 것이다. 학생들은 높인 재배상(raised bed)을 보존하고, 부모들은 몇 주간의 주말 작업일을 확보해서 기반시설을 개량하고 보존할 것이다.

정원 조성 기금 만들기
위원회는 학부모 단체에 적은 착수 찬조금을 요구할 것이다. 그 후에 적은 액수의 기금 증서를 발행할 것이다. 우리는 주민들과 지역 사업장에 우리 정원에 관심과 지원을 부탁하고 다닐 것이다. 우리 지역의 한 작은 철물점에서 일 년 동안 수입의 10%를 매월 첫째 월요일에 기부하기로 하였다. 우리는 이런 형태로 도움을 줄 더 많은 사업체를 찾기를 기대한다.

써 그들을 지원하는 것이다. 이 요강에 포함되어야 할 것으로는 초보적인 설계 구상, 정원 위치 제안, 조성 시간표 및 관리와 유지 계획 등이다. 연간 예산과 기금 모금 전략도 추가하는 것을 잊지 마라. 기금 조성 계획과 장기 유지 보수 계획 모두를 기술하라.

우리는 대부분의 교장들이 종종 이사회에 참석해서 학교정원을 야외 교실로 표현하면 기꺼이 지원하는 것을 알고 있다. 그러나 종종 과도한 업무 하중 때문에 그 프로젝트를 지원은 하되, 정원의 세세한 부분에까지 관여하고 싶어 하지는 않는다. 프로젝트의 현 상황에 대하여 압축하여 보고하면 시간을 절약하고 진척이 한결 수

완성된 학교정원 프로젝트를 관람하고 있는 교장 선생님들

월해질 것이다. 우리의 경험으로는 교장들은 핵심을 다루는 대화를 좋아한다.

우리 학교정원을 시작하는 첫 번째 보조금은 학부모 연합의 덕분이었다. 처음 받은 500달러로 우리는 정원에 높인 재배상과 몇 가지 재료와 호스를 살 수 있었고, 우리의 야외 교실을 기능적이고 생활하기에 적합하게 만들 수 있었다. 일단 세우고 나니까 우리를 계속 지원하기 위해 새로 설립된 연례 캠페인에 기금을 요구할 수 있게 되었다. 우리는 무언가를 보여 주면서 지역 상권에서 약간의 지원을 받았고, 나중에는 단체들로부터 기금을 구하는 임무를 개발하는 과정을 시작했다. 풀뿌리 지원과 유연성으로 우리는 학교정원이 아름답고 풍성하게 가꾸어질 수 있도록 튼튼한 기초를 세웠다. 또한 모금활동을 위한 점진적인 접근으로 프로그램은 해를 거듭할수록 건실해졌다. – ABS

완강한 교장을 어찌할 것인가

» 지역 내 성공적인 학교정원 몇 곳을 함께 둘러보기를 권하라.
» 학교정원 옹호자로서 교사와 학부모들을 모집하라.
» 조직적이고 전문적인 학부모위원회를 조직하라.
» 적은 금액의 착수 찬조금을 확보하라.
» 프로그램을 위한 장기 기금 마련 재원을 확보하라.
» 성공적인 학교정원을 운영하는 다른 학교의 교장을 찾아 대화의 장을 마련하라.
» 분명한 유지 계획을 마련하라.

정원위원회 구성하기

정원 프로젝트를 시작함에 있어 가장 좋은 점 중 하나는 그것이 학부모들에게 놀라울 만큼 협동의 기회를 제공한다는 것이다. 당신 자녀의 교실이나 학교가 민족성, 개성, 능력, 흥미 등의 거대한 혼합체이듯이, 그들 부모도 마찬가지다. 서로 다른 관점 속에서 함께 일할 그룹을 찾는 것은 위원회를 구성하는 첫 번째 단계다. 누구든 프로젝트에 참여하고 싶어 하는 모든 사람을 참여시켜라. 그러면 회의를 몇 번 안 하고도 위원장과 소수의 참여자가 가려질 것이다. 시간도 없고 열정도 없는 사람들은 떨어져 나갈 것이다. 반드시 조경가나 원예가 또는 정원사만이 아니라, 폭넓게 다양한 재능을 가진 사람들에게 손을 뻗어라. 즉, 좋은 작가나 웹 개발자, 창립위원 또는 지역 활동가 같은 사람들에 대해 생각해 보라. 물론 배경이 든든하거나 육체적 작업을 기꺼이 할 부모도 그 속에 끼워 넣어야 한다.

폭넓은 배경을 가진 부모들이 협동하고 발전시키는 지원이 있으면 정원 프로젝트는 오랫동안 지탱될 것이다.

우리가 프로그램을 만들기 시작했을 때, 나는 타고 내리는 지점을 정했는데, 어떤 부모가 트럭으로 아이들을 데리러 오는지를 알기 위해서였다. 트럭은 유기비료나 짚단 운반, 뿌리 덮개 내리기 등에 도움이 되므로 없어서는 안 된다. 나는 트럭을 소유한 부모에게 나 자신을 소개하고 혹시 정원 프로그램을 도와줄 수 있느냐고 물었다. 나는 부모들이 일을 직접 부탁받으면 더 쉽게 응하는 것을 알았다. 나는 또한 정원 가꾸기 기술을 가진 사람을 알아보는 예리한 눈을 가졌는데, 아들을 데리러 온 아버지의 가죽 주머니에 담긴 펠코 가위 세트가 눈에 띈다면 그가 정원 가꾸기 기술을 가지고 있다는 결정적인 증거다. - ABS

공식적인 회의 일정을 잡아라. 그 그룹의 작업 주기가 어떻든지 간에 그들에게 미리 알려 주면 참석률이 더 좋아진다. 이 학부모위원회를 발전시키고 잘 돌봐야 정원 프로그램이 전진할 수 있다. 기능을 개발하는 데 주의를 기울이고 모두가 참여하고 재미있는 정원위원회를 만들면 당신의 정원 프로젝트는 오랫동안 성공의 길을 달릴 것이다.

이메일은 대단한 시간 절약 도구이며, 위원회 업무의 상당 부분이 이 시스템을 통해 수행될 수 있다. 그러나 얼굴을 맞대는 시간을 계획하는 것도 잊지 마라. 학교

학교정원의 목적에 포함되어야 할 사항

》 학생들에게 직접경험 환경 제공하기
》 자연 세계와 연결함으로써 교과과정의 질 향상하기
》 학생들이 신선한 채소를 기르고 먹을 수 있는 기회 제공하기
》 아무것도 없던 곳에 학교기반 생태계 조성하기
》 학부모들에게 학교위원회에 참여할 기회 제공하기
》 해를 거듭하며 자생할 수 있는 프로그램 개발하기
》 교정을 더 매력적이고 환영받는 곳으로 만들기
》 각 학교의 특별한 목적

학부모위원회가 바람직한 정원 형태에 대해 토론하고 있다.

정원위원회는 여타의 단체와 마찬가지로 관계에 바탕을 두고 있으며, 이를 발전시키는 것이 도움이 된다.

　교장과 일부 교사들을 위원회에 참여시켜야 한다. 우리는 학교 간부가 계획 과정에 참여하지 않은 프로젝트가 궤도를 벗어나는 것을 종종 보아 왔다. 간부는 반드시 필요한 만큼 떠들썩한 위원회를 조성할 수 있고, 계획 과정에 현실성을 부여할 수 있다. 교사의 참여 없이 학부모들을 만나게 되면 그 위원회는 배타적인 것으로 인식되고, 이것은 학교정원 관리의 역동성에 역효과를 낳게 된다. 교장에게 참여할 것을 권하라. 학교 간부는 너무 바빠서 회합에 참석하기가 어렵다. 그러니 그들에게 요약문을 주고 코멘트를 요구하라.

애초에 우리는 위원회를 단 4명으로 이끌려 했고, 각자의 집에서 지참한 음식을 가져와 식사하는 저녁식사 모임을 가졌다. 서로를 좀 더 알 수 있는 아주 좋은 기회였고, 부모라는 힘든 고역에서 벗어나기를 간절히 원하던 밤이었기에, 와인을 마시며 서로 가까워지고 신뢰하기 시작했다. 가끔 우리는 지역 내 다른 정원을 답사했다. 그 결과 우리 위원회는 10년 이상 지속되었으며, 학교 밖에서 새 구성원을 받아들여 가족으로 대했다. 더욱 중요한 것은 우리의 아이들이 대학에 간 이후에도 우리는 가까운 친구로 지냈다는 것이다. – ABS

학교정원의 목적을 분명히 하라

정원위원회가 발전해 감에 따라 학교정원의 목적을 분명히 하기를 원할 것이다. 학교정원마다 다른 일련의 목적이 있을 것이다. 따라서 당신이 이루고 싶은 것과 그것을 어떻게 이룰 것인가에 대해 생각하라. 이루고 싶은 정원은 어떠한 것이고, 왜 그런지를 심사숙고하고 분명하게 하면, 후에 모금활동에 도움이 될 것이다. 또한 잘 손질된 일련의 목적을 갖추면 다른 사람들과 학교정원의 혜택에 관한 대화를 할 때 도움이 될 것이다.

장기적인 안목을 가져라

당장에 땅을 파고 싶은 것이 인간의 본성이다. 때로 학부모들은 자기 자녀가 고학년이라는 생각 때문에 발언권이 있는 동안에 정원을 보고 싶어 한다. 하지만 계획 과정은 학교정원에서 매우 중요한 단계다. 계획 기간을 최소한 6개월에서 일 년으로 잡을 것을 권한다. 이 기간 동안 교사들과 상의하라. 만일 교사가 물의 순환에 대해 가르치기를 원한다면 아마도 지붕 물을 모으는 시스템을 갖춘 연못이 이 개념의 좋은 예가 될 것이다.

어떤 교사는 수분(pollination) 공부를 위한 꽃 재배상을 원할지도 모르고, 누군가는 식용작물을 기르기를 원할 것이다. 교사들이 야외 교실을 어떻게 활용하기를 원하는지를 확실히 하기 위해 상당한 시간을 할애하면 정원이 오랫동안 아름답게 유지될 것이다.

직접경험 교육

당신의 계획을 학부모협의회나 부지심의회에 제시하라

대부분의 학교에는 어떤 형태건 학부모협의회나 부지심의회 또는 교장과 조화를 이루어 학교 프로그램을 이끄는 선출직 공무원 등이 있다. 당신의 계획을 이들과 함께 윤곽을 잡고 그들의 지원을 구하는 것이 중요하다. 정원 프로그램에서 기대되는 결과물과 견적 예산, 유지 계획 등에 대해 설명할 수 있는 시간을 요청하라. 우리가 알기로는 짧은 슬라이드쇼나 파워포인트 발표가 아주 좋다. 연례 기금은 가끔 학부모협의회가 주관하는 경우도 있다. 공립학교들은 필수적으로 모두 연간 모금행사가 있으며, 목표는 100%의 참여다. 참여하는 사람 중에는 한 가정당 5달러밖에 안 되는 기금을 지원하는 경우도 있지만 모든 사람에게—각 가정의 재정적 상태에 상관없이—자신의 자녀 교육에 공헌하는 것이 의미 있는 공동체적 협력을

연례 기금 요청 공문의 예

벤자민 프랭클린 초등학교 학부모님과 후원자 여러분께

학기가 매 가을마다 시작되듯이, 우리는 각 가정에 우리 공동체의 연례 기금 모금에 협조해 주실 것을 부탁 드립니다. 귀하의 기부는 모든 벤자민 프랭클린 학생들을 위한 독특하고 내용이 풍부한 프로그램의 미래를 보장하는 데 도움이 될 것입니다.

귀하와 귀하의 자녀는 학문적 우수성과 공동체의 굳건한 감각 그리고 실생활 교육의 수혜자가 될 것입니다. 연례 기금은 다음과 같이 모든 아이들의 교육적 경험을 강화할 것입니다.

* 미술 워크숍과 같이 질 높은 프로그램
* 기술적 지도와 지원이 뒤따르는 각 학급의 컴퓨터
* 학교 스포츠 프로그램
* 간부에 대한 전문적 개발
* 범학교 차원의 정원 프로그램 개발
* 사전, 펜, 연필, 종이와 같은 학용품
* 그 외 다수

우리의 목표는 100%의 참여입니다. 이것은 각 가정마다 능력껏 공헌하는 것을 의미합니다.

귀하의 가정은 어느 수준의 공헌을 할 수 있을지를 결정해 주시기 바랍니다. 가이드라인을 제시하자면, 한 자녀가 우리 학교에 다니고 있는 가정은 50달러, 2명 이상은 100달러를 기부해 주실 것을 제안합니다. 그러나 비록 작은 금액이라도 소중히 받겠습니다.

귀하의 고용주와 기부 기회를 조율하는 것을 잊지 마시기 바랍니다. 많은 사업장들은 귀하의 기부액을 현금으로 환산하여 귀하의 공헌을 도와줄 것입니다. 우리는 벤자민 프랭클린 교사와 관리자, 학부모와 학생들 모두의 업적에 자부심을 갖고 있습니다. 우리 공동체의 미래를 확실하게 하는 것은 우리들의 책임입니다. '연례 기금'은 우리가 학교를 지탱하는 중요한 바탕이 될 것입니다.

기부 카드를 동봉합니다. '연례 기금'에 관해서나 기부액 환산 또는 기금이 어떻게 쓰이는지 등에 관하여 궁금한 사항이나 하실 말씀이 있으시면 학부모 이사회 회원에게 말씀해 주시기 바랍니다.

감사합니다.

이루는 것이라는 격려를 한다. 비록 아주 적은 돈이지만 부모가 자녀의 교육을 위해 기꺼이 기부하는 마술 같은 일도 일어난다.

착수할 기금을 확보하라

학부모협의회로부터의 적은 기금이 외부 공동체로부터 더 많은 기금을 모을 수 있고, 대부분의 일을 부모들과 함께할 수 있게 하는 닻이 될 수 있다. 적은 돈이라도 먼 길을 갈 수 있다.

학부모협의회로부터의 작은 보조금이 증명하듯이 프로그램에 대한 내부 지원은 공동체에 그 지원이 협동적이고 범학교적인 노력이라는 것을 보여 준다. 기금은 나중에 필요에 따라 건설경비나 지역사회 봉사활동에 쓰일 수 있다. 만일 당신 생각에 학교 단체로부터 기금이 곧 들어올 것 같지 않다면 봉사활동 전략을 다시 생각해 봐야 할 것이다. 학교 부지에 정원을 만들 준비가 아직 되지 않았다면 더 유리한 시간까지 기다리는 것이 현명할 것이다.

자, 이제 당신은 정원 프로젝트에 대한 관심을 잘 일구어 놓았으므로 기본적인 설계 사항, 현장 고려 사항, 미래까지 오래 지속될 수 있는 흥미롭고 역동적인 발전 전략 수립 등에 착수할 준비가 되었다.

해야 할 일의 목록

∨ 당신의 프로그램 계획을 교장에게 보여 준다.
∨ 정원위원회를 발족한다.
∨ 간부들의 관심을 불러일으킨다.
∨ 전문작가나 목수, 조경사 같은 전문직 부모를 옆에 둔다.
∨ 정원 프로그램 계획을 학부모협의회 또는 부지심의회에 제시한다.
∨ 연례 기금 모금활동을 시작한다.

잘 꾸며진 학교정원

3 땅에서 최대한 얻기

디자인 고려 사항

 학교정원을 계획하고 디자인하기 위하여 시간을 들이는 것은 시간을 유용하게 쓰는 것이다. 학교정원이 어떻게 하면 학교 수업의 범위 내에서 실제로 유용할 것인가를 고려하는 것은 계획 단계에서 매우 중요한 일이다. 흔히 사람들은 학교 정원을 학교 부지에 미적인 것을 추가하는 것 정도로 생각하는데, 그보다는 야외 교실, 따뜻한 분위기의 각양각색의 학급, 풍부한 프로그램, 방과 후 활동 및 정원 문을 통한 공동체가 되도록 하는 것이 더욱 중요하다.

야외 교실이 장기간 성공적이 되도록 디자인하라. 어떤 이는 이 단계를 생략하고 바로 땅을 파는 작업으로 들어가려는 유혹을 느낄 수 있으나, 이 장에서 언급하는 요점에 대해 주의를 기울이면 해를 거듭하고, 설립위원회가 바뀐 먼 훗날까지도 정원이 유지될 수 있을 것이다.

자, 이제 당신은 다음과 같이 함으로써 학교 공동체 내에서 정원에 대한 생각을 구체화하고 더 발전된 지원을 받을 수 있다.

야외 공간 이용자에 포함할 대상

» 학부모 그룹
» 지역 주민
» 과학/환경 클럽
» 미술교실
» 방과 후 학교 그룹
» 단체봉사 조직
» 지역 정원 클럽
» 공동체 정원 조직

» 주변의 다른 정원들과 연결하기
» 필수적인 구매품 경작하기
» 프로젝트를 계획하고 진행시킬 위원회 육성하기
» 학교 참모들이 정원을 야외 교실로 어떻게 이용하고 싶어 하는지를 이해하기
» 학부모 그룹에 계획에 대한 비전 제시하기

이제 다음 단계로 넘어가자.

» 향후 정원 이용이 가능한 대상자(교사, 학부모, 기타 그룹) 선별하기
» 학교가 속해 있는 학군을 참여시키기
» 부지 운영 목록
» 착수 기금 조사
» 학교정원에 필수적인 요소에 대한 고려
» 프로젝트에 학생들을 참여시키기
» 땅파기 계획하기

미래에 정원을 이용할 사람들을 설계 과정에 참여시키기

학교정원은 필수적으로 공공 정원이다. 교사와 학생뿐만 아니라 그 정원을 이용할 다양한 학교 동아리 및 학급을 초청하여 계획 단계부터 참여시키면 학생들 간의 상호작용을 증진시키고 탄탄한 정원을 지을 수 있다. Fort Worth Texas에 있는

공동체 구성원 모두를 위한 봄 정원 파티

Real School Garden에서 온 우리의 동료들은 간단한 방정식을 갖고 있다. 즉, '이용도 = 지속성'이 그것이다. 학교 측에서 정원의 이용도를 높이기 위해 무엇인가를 하면 할수록 정원은 더욱 생기 있게 될 것이다.

우리는 다양한 계층의 이용자가 있는 정원이 오랫동안 유지될 것으로 믿고 있다. 5학년 학급이 정원에서 연못 생태학을 공부하고 있고, 방과 후 아동들은 오후 간식거리를 수확하고 샐러드 파티를 즐기며, 이웃 주민들은 부엌 정원으로 육성하고, 학부모 단체가 정원에서 송년 파티를 연다면, 당신은 학교정원을 지탱해 주는 다양한 계층이 조직되었음을 알게 될 것이다. 이 제도의 좋은 점은 한 그룹이 활동을 안 할 때 다른 그룹이 계속해서 뒤를 잇는다는 것이다. 학교정원이 한 그룹이나 개인에게 짐이 된다면 그 정원은 불안정하고 붕괴될 위험이 있다. 협조적인 교장이라면 학교에서 일어나는 모든 프로그램에 관하여 충분히 알고 있으려니와 정원을 어떻게 하면 최대한 활용할 수 있는지에 대해 기꺼이 당신과 의견을 나눌 것이다.

학교 관할 행정기관을 참여시키기

계획을 너무 앞서 진행시키기 전에 지역 내 시설관리공단과 대화하고 정원 계획을 진행하는 과정에 그들을 참여시키도록 하라. 관할 행정단체가 100개의 후보지를 갖고 있든, 단 한 개의 용지를 갖고 있든지 간에, 계획하는 그 땅에 대해서는 그들에게 책임이 있음을 상기시키면 유용할 것이다.

계획안에 그들을 참여시키는 것은 아주 예의 있는 것이며, 당신은 그 지역의 사회기반시설에 대한 유용한 정보를 많이 얻을 수 있을 것이다. 부지 계획에서는 수도 배관이나 전기, 가스 라인 등이 드러나게 된다. 만일 도시의 학교라면 그 구성물이 어떤 다른 지역에서 채워진다는 것을 알 수 있고, 따라서 납이나 다른 함유물에 대한 테스트를 해야 할 것이다.

당신의 학교 지역이 자연경관 지구 보존 계획에 속해 있다면, 그것은 지역 행정 단체가 관리하게 될 것이다. 미래에도 좋은 관계를 담보하기 위하여 계획 단계부터 자연경관 담당자들과 상의하는 것이 좋다. 우리 지역에는 인원이 줄어든 담당 공무원들이 160곳가량의 정원을 운영하고 있는데, 그들은 계획 자체가 빈약한 학교정원은 오래 지속되지 못하며 휴작 정원 처리 업무가 결국에는 그들에게 돌아올 것을 알고 있다. 시설관리공단에 유지 계획을 제시하고 교장의 시원 서신을 보내면, 그들은 당신의 정원 계획이 협조적이고 통합적이며 잘 구상된 계획이라는 분명한 통지를 보내올 것이다.

당신이 그 일에 전념할 때가 아마도 학교 이사회 구성원들을 이 프로젝트에 불러 모을 수 있는 절호의 기회일 것이며, 그들의 정보가 많으면 많을수록 당신의 아이디어에 더욱 유용한 지원을 해 줄 수 있을 것이다. 당신이 학부모의 자격으로 학교 이사회에 참여하는 것이 큰 도움이 될 수 있다는 것을 기억하라. 당신이 봉사하는 대상은 결국은 당신의 자녀들이다. 또한 지역 기관장과 만나 더 큰 지역 단위에서 학교 운동장을 변형시키기 위하여 지원할 방법에 대해 논의하라.

다양한 기관의 담당자들을 배제하기보다 참여케 하면 그들은 너그러이 비료나 톱밥 등을 가져다주기도 하고, 요청만 하면 폐기물이나 잔가지 등을 치워 줄 것이다. 당신과 같은 마음을 가진 기관의 사람들에게 학교정원이 얼마나 매력적이고 기능적인지를 가능한 한 알게 하라.

- ABS

부지 활용의 조정

학교 부지들을 직접 방문하고 답사하여 현재 이 땅들이 어떻게 이용되고 있는지 조사하라. 그 땅들이 어떻게 활용되는지에 기초하여 당신이 알아낸 바를 지도로 그려라. 이 작업은 어떤 땅이 상대적으로 사용되고 있지 않은지 알려 줄 것이고, 그 땅은 유력한 정원 후보지가 될 것이다.

체육활동 프로그램과 다른 야외활동이 공간 마찰을 피하기 위해 어떻게 하고 있는지 확실히 이해하라. 이 점을 학교 참모들과 함께하여 그들의 아이디어를 모으라.

학교정원이 채소를 경작하기 위해 높인 재배상이라면 상대적으로 쉬운 작업으로 많은 계획 없이도 이루어질 수 있다. 그러나 학교정원이 어떻게 이용되는지—놀이 목적이든, 전체적 녹화 목적이든—를 알기 위해 부지 활용 목록을 작성하는 것은 먼 장래에 매우 유용할 것이다.

가장 중요하게 고려해야 할 사항은 그 정원이나 야외 교실이 학생들에게 휴식이나 자유 시간에 활용될 수 있는가 하는 것이다. 어떤 정원들은 교정 내에 위치하고 있어 학생들이 휴식 시간에 쉽게 접근하여 땅파기, 벌레 잡기, 탐험 등을 할 수 있는 기회를 제공한다.

그러나 아쉽게도 어떤 정원은 휴식 공간에서 멀리 떨어져 있어 오직 공식적인 야외 교실로만 이용되고 있다. 대부분의 경우 학교정원은 정규 학과 시간뿐만 아니라, 학생들이 휴식 시간에 그들 나름의 형태로 활용할 수 있게 하는 것이 좋다. 정원에는 휴식 시간에 어른의 감독과 학교 관리자 입장에서의 관심이 필요하다.

정원에 관한 정보를 공동체 구성원들에게 전달하기 위하여 학교 발자국 지도가 유용할 수 있다. 지도는 흔히 지역기관에서 구할 수 있으나, 여의치 않을 경우 구글(Google) 지도로 대신할 수 있다. 많은 구성원들이 한꺼번에 봐야 할 경우에는 대형 복사기에서 뽑은 청사진 지도가 유용하다. 명심할 것은 당신이 작성한 부지 활용 지도를 이 대형 지도로 옮기라는 것이다.

정원과 휴식 공간의 자연스러운 연계

학교 운동장에 대한 폭넓은 환경적 관심 사항을 기술하라

학교 운동장의 부지 활용 목록을 만드는 작업은 당신의 학교에 있을 수 있는 보다 큰 환경적 관심 사항에 관한 질문을 할 수 있는 아주 좋은 기회를 제공한다.

학교 운동장에 그늘을 만들 수 있을 만큼 나무가 충분한가? 일부 교실은 오후의 태양으로부터 열기를 식혀 주기 위한 조치를 해야 하지 않을까? 지붕 물을 받기 위한 물탱크(이것으로 정원에 물을 주며 낭비되는 물을 절약할 수 있다)를 추가해야 하지 않을까? 빗물 여과장치를 개선하고 아스팔트를 제거하여 폭우 때 운동장으로 범람하는 것을 예방해야 하지 않을까? 운동장에 태양열 집열판을 설치하여 교재도구로 활용할 수 있을까?

학교 운동장은 전반적인 생태학적 및 환경적 개선활동의 일부분이 될 수 있으며,

생태학적 체제의 뒷받침이 있는 학교정원은 새로운 세대를 환경 지킴이로 키울 것이다.

학교 운동장의 나무

나무는 자연경관에 커다란 공헌을 한다. 나무는 학교 운동장과 번잡한 도시의 거리 사이에서 완충 역할을 한다. 나무는 사람들에게는 그늘을 제공하고 새와 곤충들에게는 서식지를 제공한다. 나무는 우리에게 계절의 변화를 상기시켜 주고 재빨리 교정의 중심이 된다. 하지만 당신이 정원을 부드럽게 하고 질을 높이기 위해서는 몇 가지 현실적인 고려 사항을 간과해서는 안 된다.

과일나무는 인기 있는 정원 구성물이다. 하지만 아스팔트를 과수원으로 바꾸기 전에 고려해야 할 사항이 있다. 과일을 잎이 떨어지기 전에 수확하려는 명확한 계획이 있기 전에는 과일나무는 피하라. 도심에서는 쥐나 다람쥐 같은 설치류들이 문제가 될 수 있다. 교정에 떨어지는 과일은 그들로 하여금 거부할 수 없게 한다. 여름방학이 끝난 후에 설치류들로 가득 찬 교정에 돌아가고 싶은 사람은 아무도 없을 것이다. 사과나무처럼 늦게 익는 것들은 좋은 선택일 수 있다. 낙엽 지는 나무들은 비가 올 때 정원의 배수구를 막을 수 있으므로 정원활동에 퇴비 만들기를 포함해야 한다. 아이들은 갈퀴질을 좋아하므로 퇴비에 중요한 탄소 공급원인 낙엽 덩어리를 모으는 것이 너무 어려워서는 안 된다.

나무들이 최상의 조건으로 생장을 시작할 수 있도록 정성을 들여라. 적당한 지지대와 물 주기 그리고 심은 후 처음 3년 동안의 보살핌이 건강한 나무가 되게 한다.

나무를 심은 지 10년 후에 정원을 다시 찾았을 때, 그 나무가 아름답게 자라나 하늘을 뒤덮은 채 아이들을 포함해 수많은 생명체를 품고 있는 모습을 보는 것은 매우 흐뭇한 일일 것이다.

학교정원에 반드시 필요한 것

학교정원을 구상하는 단계에 있다면 평범한 정원을 야외 교실로 바꾸는 데 필수적인 다음 사항을 유념해야 한다.

햇빛

하루에 최소한 6시간의 햇빛이 정원에 필요하다. 8시간이면 더 좋다. 물론 음지에서 자라는 식물도 있지만 음지 정원에서는 식물이 매우 늦게 자라서(광합성의 부족이 여기서는 범죄임) 학교정원에는 적합하지 않다. 음지 정원은 어둡고 가끔은 습지가 되기 때문에 그런 정원이 잘되는 것은 본 적이 없다. 학교정원은 활기와 생명이 가득해야 하고, 당연히 햇빛이 그 모든 것의 근원이다.

모임 구역

효과적인 학교정원은 한 학급 전체를 수용할 수 있는 모임 구역이 필요하다. 집합 공간은 벤치, 동그란 의자, 건초 더미, 나무 그루터기 또는 그 무엇이든지 학생들이 반원 형태로 앉을 수 있는 곳으로 꾸민다. 학생들은 강의를 듣거나 과제 완성 또는 정원 수업이 끝난 후에 전체적인 수업 정리 등을 위해 학급 단위로 모인다. 편안히 앉을 수 있는 공간이 순식간에 학교정원을 야외 교실로 바꿔 준다. 야외 교실에서 학생들이 배회하지 않고 하나의 그룹으로 조직되면 교사는 편안함을 느낀다. 더불어 야외 칠판으로 인해 교사들은 한층 더 수월함을 느낄 수 있다.

통로

정원은 다닐 수 있는 통로가 있어야 한다. 몇몇 통로는 휠체어가 다닐 수 있어야 한다. 20명의 학급 학생들이 힘들이지 않고 공간을 돌아다닐 수 있어야 하며, 직감적으로 걷거나 서 있는 것이 어디서는 되고 어디서는 안 된다는 것을 알 수 있어야 한다. 통로를 명확하게 정의해 두어야만 정원 교사가 분별 있게 학생들에게 서 있는 곳이 잘못되었다고 주의를 줄 수 있다. 장애인이 접근할 수 있는 공간을 확보하기 위하여 어떤 길은 아스팔트나 화강암 가루 등으로 단단하게 해야 한다.

견고한 연장 오두막

모자이크 통로

연장 오두막

정원에는 공구나 장비를 보관할 오두막이 있어야 한다. 연장 오두막은 다목적인데 정원사의 사무실이 될 수도 있고, 정원의 중심점이 되기도 하며, 외벽에 아이들의 타일 모자이크 작품을 전시하거나, 야외 작업대 및 분갈이 장소로 이용되기도 한다.

수도 호스

정원에는 적절한 수도 호스나 옥외 수도꼭지가 있어야 한다. 호스를 먼 거리까지 끌고 다니는 것은 즐거운 일이 아니므로 정원 주변의 여러 곳에 갖추는 것이 좋다. 학생들은 물 주기를 좋아하므로 자동분무기를 설치하여 학생들의 즐거움을 빼앗지 않도록 한다.

수업이 없는 긴 방학 중에 발견한 사실은 물 주기는 전 연령대에 걸쳐 즐거워한다는 것이다. 그것은 학생들이 배워야 할 기본적인 정원 작업인데, 이는 그들이 일생 동안 해야 할 일이기도 하다.

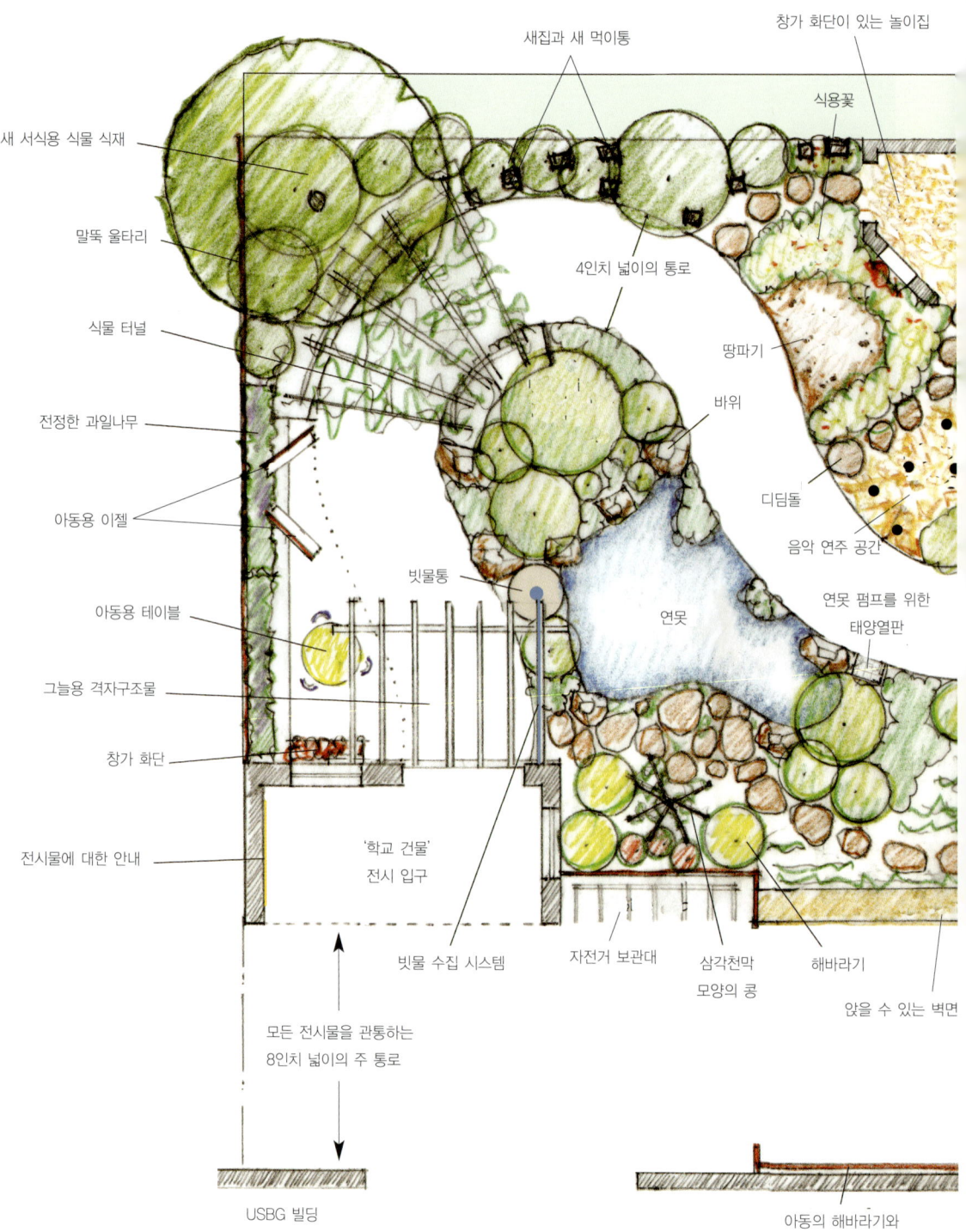

지속 가능한 학교 운동장 전시

이 녹색 학교정원은 워싱턴 식물원에 한시적으로 전시하기 위해 지어졌다.
이 정원은 학교정원에서 가르칠 수 있는 광범위한 생태학적 개념을 예시한다.

- 풍향 측정용 바람자루
- 멀칭
- 2인치 테라스 (추가적 식물 식재 공간)
- 기상 관측소
- 꽃가루 매개재(꿀벌, 나비 등) 정원 식물 식재
- 모자이크 벤치
- 멀칭
- 꿀벌 집
- 비료통
- 디딤돌
- 높인 재배상
- 과일나무
- 허브
- 통나무 의자
- 채소 정원
- 과일나무
- 그늘 구조물
- 바닥 위에 있는 나침도
- 야외 교실 모임 구역
- 그늘 구조물에 있는 식용 과실 덩굴
- 시트러스 나무
- 식용작물
- 멀칭
- 말뚝 울타리
- 베리 나무가 심어진 구역
- 지붕에 식물을 심은 헛간
- 시트러스 나무
- 말뚝 울타리

scale: 1/4" = 1'-0"
0'   5'   10'

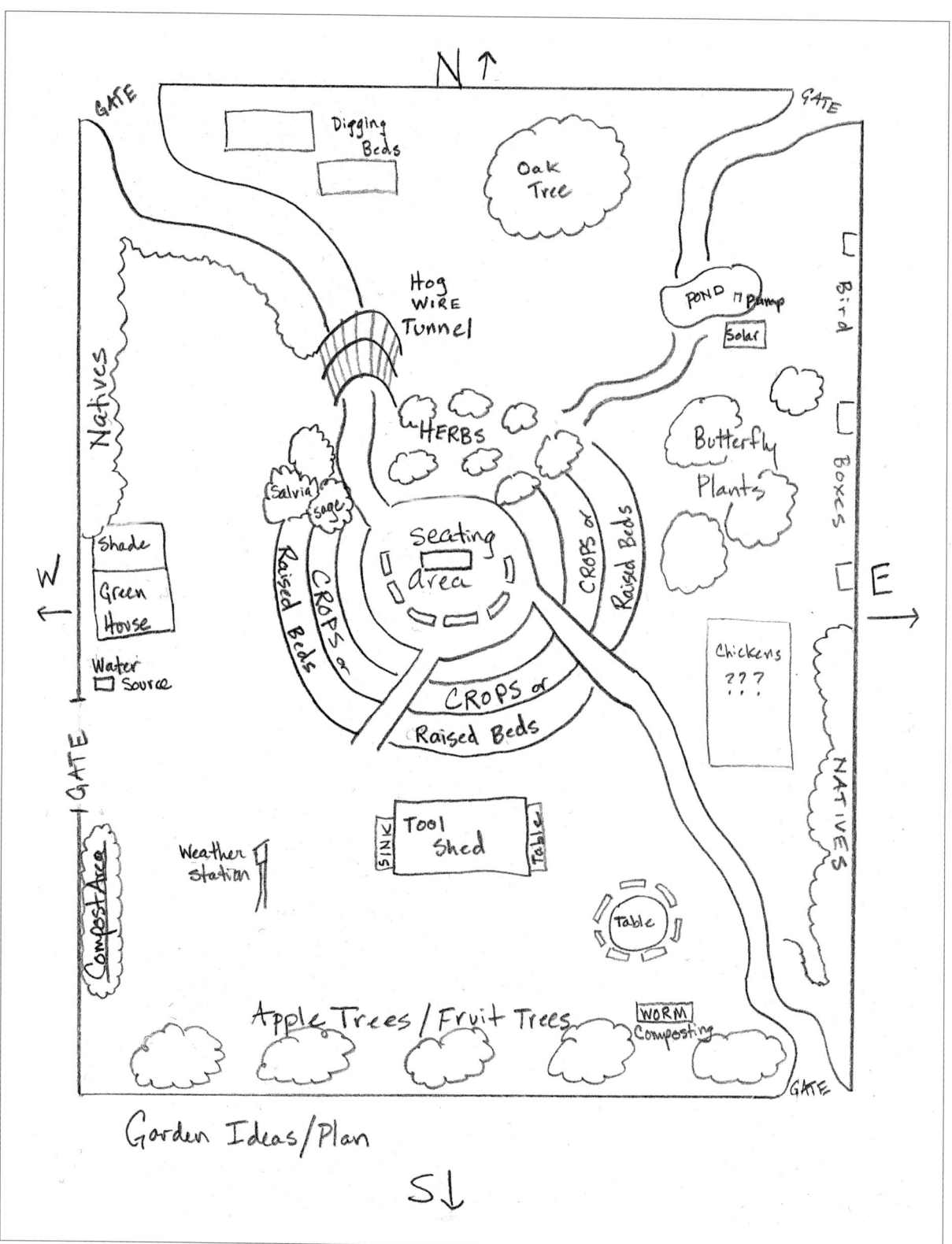

좋은 흙

학교정원에는 좋은 흙이 필요하다. 일단 정원을 어떻게 만들 것인가가 결정되면, 즉 밭을 돋울 것인가, 땅속에 심을 것인가, 경계는 어찌할 것인가, 그 밖에 당신이 무엇을 계획하든지 간에 흙 개량 계획을 세워야 한다. 개량이란 무엇이든지 흙을 비옥하게 하고, 경작적성(줄기와 뿌리가 잘 자라도록 도와주는 능력)을 높여 주는 것이다. 가장 흔한 방법은 비료를 주는 것이다.

만일 아스팔트를 걷어 낸다면 그 밑 10cm 이상의 자갈을 걷어 내서 식물이 거주할 수 있도록 하고, 개량제와 표지 흙으로 그 공간을 채워야 한다. 양호한 흙의 상태는 계속 유지해야 할 과제로서 정원사는 시간이 경과하면서 흙이 보다 좋아질 것으로 생각한다.

울타리

학교정원의 둘레에는 울타리가 있어야 한다. 유치원 아동들이 들어오거나 공이나 강아지를 막기 위해서도 울타리는 필요하다. 즉, 울타리는 당신이 계획한 영역을 규정하고 안전하게 지켜 준다. 우리 지역에는 대부분의 울타리가 체인 사슬로 되어 있는데, 그것이 미적으로 최선의 선택은 아니지만 일단 버틸 만하며 값이 싸고 쉽게 구할 수 있다. 나무틀에 철망을 댄 울타리가 대중화되고 인기가 있지만 나무는 유지 및 보수가 필요하다. 공은 담장이 아무리 높아도 정원 안으로 들어오기 마련이므로 몇몇 식물이 다치더라도 너무 화내지 않도록 한다. 또한 침입자를 막을 수 있는 울타리는 없으므로 정원을 감옥처럼 만들 이유는 없다.

식물

이런 점들을 모두 고려해 보았다면, 이제는 정원에 어떤 식물을 심을 것인가를 생각할 때다. 식용작물로 채워진 정원은 항상 학생들을 매료시키며 영양과 식물학에 관한 흥미를 유발한다.

한편 어떤 학교는 향토식물 정원을 선호하고, 어떤 곳은 역사 정원으로 큰 성공을 거두기도 했으며, 그 가능성은 무한하다. 우리는 당신에게 튼튼하면서 어느 정도의 공격에도 살아남으며 지역의 기후에도 잘 적응하는 식물에 전념할 것을 권고한다.

다행스럽게도 정원은 프로그램이 진보하고 더 많은 학급과 협력한다면 공간 확

레오노티스(Leonotis)와 샐비어

장이 가능하다. 우리는 정원이 온실, 더 많은 경작 밭, 자연놀이 공간 또는 향토식물 재배 공간으로 확장되는 것을 보아 왔다. 천천히 그리고 점진적으로 각각의 확장에 대한 유지·보수를 상정하여 학교 측이 예측하지 못한 유지·보수로 인해 감당치 못하는 일이 없도록 한다.

정원 설계도 개발

정원 설계도는 당신이 원하는 대로 간단할 수도 있고 복잡할 수도 있다. 그러나 가장 중요한 요소는, 설계도는 일련의 명료한 목적과 우선순위를 반영하는 것이고, 모든 이해 당사자가 참여하고 정보를 공유한다는 것이다. 당신은 현지 평가를 통해 수집한 정보로 지도를 만드는 것부터 시작하기를 원할 것이고, 교사들로부터 얻은 정보를 모두 포함시키려 할 것이다. 일단 계획이 세워지고 거의 모든 개개인의 요구를 반영한 그림이 나왔으면 공동체의 반응에 귀 기울이는 시간을 마련하라. 대화는 속임수가 존재하는 만큼 모든 사람이 모두 똑같은 방법으로 알아듣는 것은 아니라는 점을 유념하라.

정원 계획을 설계하는 과정은 사업의 규모, 부지의 복잡성, 활용 가능한 자원 및 학교 공동체의 무상 시행 능력 등에 따라 바뀐다. 수집한 모든 아이디어를 시각적으로 설명하면 사람들은 적은 시간 동안 많은 정보를 얻고 다른 사람들에게 정원의 비전을 홍보할 것이다.

가장 큰 학교정원 중 하나인 샌프란시스코의 셔먼 초등학교는 오랫동안의 계획 단계가 끝난 후에 정원 설계도를 현수막에 인쇄하여 학교를 둘러싸고 있는 울타리에 부착했다.

현수막은 정원의 다양한 면—연못, 폭포, 먹을거리 정원, 원형 의자, 토종식물 구역 등—을 묘사했다. 그것은 색감이 있고 자연경관 계획을 이해하기 쉬웠다. 또한 그것은 주민들과 보행자들에게 이전에 아스팔트였던 학교 운동장이 괄목할 만하게 변화할 것이라는 기대감을 주었다. 주민들이 지역 공립학교에 재투자한 결과 새로운 정원이 되는 것을 지켜보는 것은 짜릿한 일이었다. –ABS

정원 계획은 위원회에 무엇이 어디로 가는지를 미리 앞서서 주행할 수 있는 지도를 제공한다. 계획한 프로젝트의 설계도는 대규모 모금행사의 도구가 되어 위원회는 기금을 늘리는 작업과 내부적으로나 아니면 더 큰 공동체에 프로젝트를 인식시키는 작업을 하게 한다.

많은 학교들이 정원으로 보상받게 될 조경 건축가나 정원 설계사와 상의한다. 이 전문적인 서비스는 많은 이점이 있다. 이상적으로, 그들은 학교 부지의 가치를 최고로 활용하려고 한다. 조경 건축가는 당신이 생각지도 못했던 아이디어를 떠올리는데, 태양과 풍향, 배수구와 관련하여 정원의 위치를 잡는다. 또한 당신이 최적의 길로 여행할 수 있도록 도와준다. 많은 조경 전문가들은 교육적인 정원, 특히 학교정원의 역동성을 이해한다.

아마도 학부모들 중에는 조경 건축가가 있을 수도 있고, 아니면 지역 대학의 도시계획과나 건축과 학생들이 프로젝트를 찾고 있을지도 모른다.

우리는 학교정원을 다소 곤란해 보이는 가파른 경사의 모래언덕으로 옮겼다. 나는 마치 페루의 산처럼 콘크리트를 붓거나 석축을 쌓아 일련의 하향 테라스를 만들 생각을 했다. 한 학부모가 이러한 도전을 즐기는 건축가를 알고 있었다. 그는 적은 보수로 동참하여 훌륭한 계획을 세웠는데, 그것은 언덕의 경사를 없애지 않고 오히려 이용하는 것이었다. 이것이 우리가 이제껏 정원에 했던 중 최고의 투자였고, 그가 만들어 낸 이 멋있는 구상은 우리가 정원을 홍보하고 후원금을 모으는 데 도움을 주었으며, 장래에 정원을 만들고 유지할 자금을 불려 주었다.
— ABS

살아 있는 버드나무 터널은 학교정원의 멋진 특징이다.

학생의 참여

의견을 모아야만 하는 가장 중요한 그룹은 당연히 학생들이다. 야외 교실의 모든 측면과 마찬가지로 학생들의 의견에 대한 조사는 교과목과 직접적으로 연결된다. 교사들에게 학생들로부터 의견을 수렴할 것을 권고하라. 교사들은 학생들로 하여금 무엇이 완벽한 학교정원인지를 미술 숙제로 그려 오거나 쓰기 숙제로 서술해 오라고 할 것이다. 학생들은 반짝이는 아이디어를 내놓을 것이다. 그들은 개구리 연못이나 나비 정원 외에 로켓 발사대나 염소 또는 말(또는 당신은 모르는 유니콘)을 위한 목초지를 원하고 가장 흔하게는 수영장을 원할 것이다. 학생들을 이 과정에 참여시키면 프로젝트에 열광과 흥미를 더할 것이다.

기능적인 야외 교실의 형태

우리는 한 학급 전체가 모여 앉는 야외 좌석이 정원을 단번에 야외 교실로 변화시키는 것을 보아 왔다. 그것은 교사가 학생들 앞에 서서 학급의 활동에 대해 설명하거나 야외용 칠판에 강의 내용을 적거나 하는 기초 교육 공간을 제공한다. 어떤 정원은 강당식 좌석을 갖춘 반면, 어떤 정원은 값싼 짚 더미 위에 학생들을 앉게 하는 곳도 있다. 재료가 무엇이든 모두가 앞을 바라보고 강의에 집중할 수 있도록 조

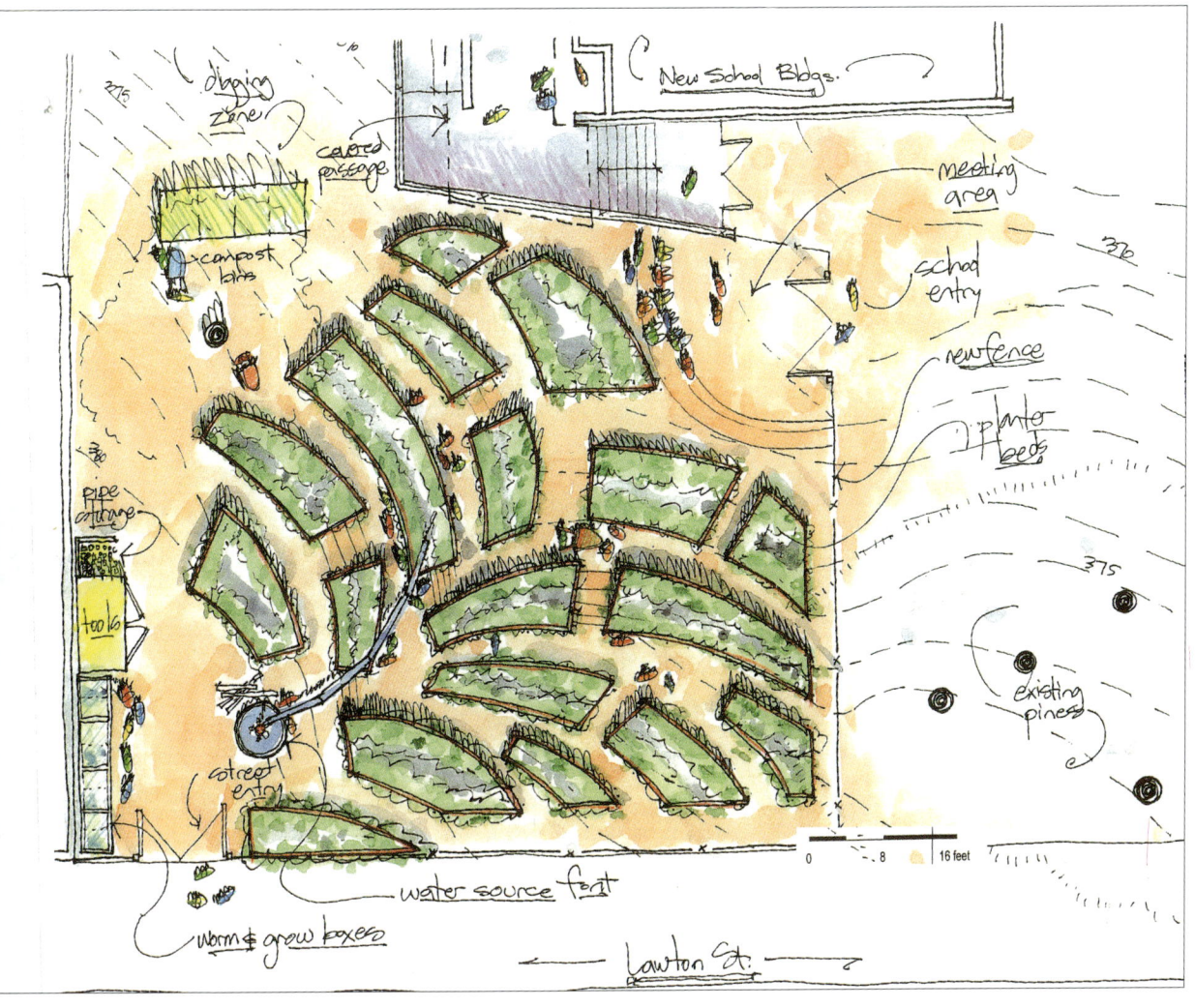

정원 설계도의 예
Alice Fong Yu 대안학교
Drawing by Brian Laczko

  우리는 최초 야외 좌석을 마을 곳곳에서 할로윈 전시가 끝난 뒤 해체한 호박 광대에서 모은 짚 더미로 만들었다. 우리는 수명이 짧은 그 자연의 더미를 좋아했으며, 매년 계속해서 갈았다. 원가는 개당 6달러였고, 우리의 연간 '정원 가구'의 예산은 36달러였다. 또 하나 덧붙이자면 우리는 전년도의 짚 더미를 여름 내내 재배상의 덮기(멀칭) 재료로 사용했다는 것이다. 나는 '정원 가구'로 덮기(멀칭)를 함께했던 학생들을 회상하며 즐거웠다. 경고! 건초 더미는 안 된다. 그 속에는 씨앗이 있어서 당신 정원에 귀리나 다른 종의 잔디 싹을 틔울 것이다!

  - ABS

성하라. 또한 학생들을 햇볕이나 비로부터 보호하기 위하여 그늘막이나 비가림 시설이 필요하다. 학생들은 편안하지 못하면 집중을 하기 어려우므로 즐겁게 앉을 수 있는 공간으로 만들도록 하라.

값싼 좌석을 만들 수 있는 또 다른 재료는 원형 나무판이다. 수액이 스며 나오지 않는 것으로 찾아야 한다. 지역의 산림관리 부서에서 나무를 제거하기 위해 절단한 것을 구하면 되는데, 요구하면 원형으로 잘라 줄 것이다. 이동용 좌석이 필요하면 옮길 수 있는 아동용 사이즈의 플라스틱 의자가 쓸 만하다.

중앙에 자리 잡은 작업대는 학생들이 손으로 씨앗 채취나 자르기, 그리기 또는 돋보기를 쥐고 관찰하는 등의 작업을 하기에 아주 좋은 장소. 이상적인 작업대의 크기는 한 학급의 학생들이 둘러앉아도, 각자 작업을 해도 다투는 일이 없을 만큼 크면 좋다.

야외용 탁자는 목수 기질이 있는 부모가 만들 수 있으며 비에 젖지 않도록 기름천으로 메우거나 덮어야 한다. 만일 가까이에 전기용품 가게가 있으면 전기나 전화선을 감았던 커다란 목재 실패(spool)를 갖다 놓는 것으로 끝이고, 이는 수년간 훌륭한 작업대가 된다.

돌이나 목재 또는 콘크리트로 만든 벤치는 지친 학생들에게 기분 좋은 휴식처가 되며, 정원 여기저기에 자유롭게 산재해 있어야 한다. 작업대는 어른이 아니라 아이들의 크기에 맞춰야 한다는 점을 명심하라. 이미 만들어진 작업대를 사용한다면 아이들에게 맞추어 땅에 묻으면 된다.

재배상

학교정원에서 재배상을 만드는 방법은 여러 가지가 있다. 당신의 학교 대지는 나름의 독특한 전략이 필요하다. 도시 학교들은 종종 공간과 재정 때문에 압력을 받는데, 컨테이너 정원은 가장 쉽고도 현실적인 해결책이 된다. 어떤 학교는 충분한 공간이 있어 땅에 직접 심을 수도 있다. 학교마다 재배상 형태와 통로에 대한 고유의 전략을 정하도록 한다.

높인 재배상

높인 재배상의 한 가지 분명한 장점은 정원 공간을 깔끔하게 구획 짓고 아동들이 식물을 심은 곳과 심지 않은 곳의 차이를 쉽게 이해할 수 있게 해 준다는 것이다. 그렇게 함으로써 '안 돼!' 혹은 '하지 마!'라고 금지하는 것을 줄일 수 있다. 높인 재배상은 교사가 보고 있지 않을 때 묘목이 짓밟히지 않도록 해 주며, 오히려 식물들이 실제 물을 공급받을 수 있게끔 해 준다. 간단하게 철망 울타리를 설치하여 땅다람쥐의 약탈을 막을 수 있다.

높인 재배상은 질서와 정갈함, 잘 구분된 통로, '관리'되고 있는 자연 등을 좋아하는 사람들에게 호소력이 있다. 또한 잡초와 같은 관리 문제를 경감시켜 준다. 몇몇 상황에서 높인 재배상은 다수가 따라야 할 길이다.

높인 재배상은 아동들의 체격에 맞게 만들어져야 한다. 45~60cm의 높이에 90cm를 넘지 않는 폭으로 하여 작은 아이도 심을 수 있고 재배상의 중간까지 닿을 수 있어야 한다.

당신은 분명히 재배상을 아동들이 닿지 못할 정도로 너무 높거나 넓게 만들어서 아동들이 기어올라 흙을 채우는 것을 원하지 않을 것이다. 만일 땅 위에 재배상을 세우려면 밑바닥이 없이 바로 흙 위에 위치하면 된다. 이렇게 하면 뿌리가 깊은 식물을 심을 수 있고 적당한 배수를 할 수 있다. 모든 잔디와 그 뿌리는 설치 전에 반드시 제거하라.

나무로 만든 높인 재배상은 설치 비용이 비싸지만 자원 집중적이다. 캘리포니아에서는 전통적으로 미국 삼나무로 높인 재배상을 만들어 왔는데, 그 나무는 내부식성이 있지만 점점 줄어들고 있는 해안가 숲에서 난다. 이는 생태학적으로 민감한 사안으로 미국 삼나무는 우리의 재배상을 만들기에는 좋은 선택이 아니었다. 다른 목재를 선택한다면 방부 처리를 하지 않은 소나무나 전나무가 있는데, 아주 오래가지는 않지만 조금 덜 비싸고 빨리 자라며 더 풍부하다. 아동들의 손이 접근하기 쉽고 식용작물의 수확에 이용된다는 점에서 어떤 목재건 방부 처리되지 않은 것이어야 한다. 비록 오늘날의 방부 처리 목재는 목재 보존을 위해 비소를 더 이상 사용하지 않지만, 다른 화학물질이 함유된 방부 처리 목재는 아동들 주변이나 식용작물 수확에는 적합하지 않다.

높인 재배상을 만들기 위한 목재를 대신할 만한 많은 대체물들이 있다. 어떤 정원은 윗가지(짚을 채운 관형 그물)를 사용하는데, 이는 흔히 가파른 경사면의 침식을

L 짚단에 앉아 수업을 듣는 광경

R 높인 재배상은 바닥은 없지만 흙 위로 여유가 있다.

방지하는 데 이용된다. 그것은 또한 마치 뚱뚱한 짚 소시지를 닮았고 아무 형태로나 땅 위에 놓고 식재용 흙을 채우면 된다. 대개 몇 년마다 교체하거나 짚을 다시 채워 넣어야 하지만, 비싸지 않고 낮고 둥근 근사한 재배상을 만들 수 있다.

도시에서는 최근 들어 깨진 보도 경계석들을 그냥 쌓거나 또는 시멘트를 발라서 빌딩에 높인 재배상을 만드는 것이 큰 성공을 거두고 있다. 이는 그린 빌딩 소재로 간주된다. 지역 공공근로센터에서 이런 것들을 무료로 얻을 수 있다. 가끔은 그들이 학교 운동장까지 가져다주기도 한다. 그러나 콘크리트는 꽤 무거우므로 옮길 때 매우 조심해야 한다.

당신은 분명히 학교정원 조성 첫날 학부모들의 노동력을 놓치고 싶지 않을 것이다! 샌프란시스코의 모래 경사지에서는 플라스틱 널빤지를 사용했는데, 2.5× 15cm의 흑갈색 판재로 플라스틱 우유 컵을 재활용해 만든 것이다. 기술적으로 건설 수준은 아니었지만, 우리는 모래밭에 금속 말뚝을 박고 플라스틱 판재를 그 금속 말뚝에 붙잡아 맴으로써 높인 재배상을 만들 수 있었다. 구매가가 비싸기는 하

 ### 쉽게 다닐 수 있는 통로

정원 내에서 많은 학생들을 통제하는 것은 쉽지 않으며, 심지어 누구나 '안 돼' 나 '하지 마' 라고 말해야 하는 상황을 상상할 수 없다. 정원은 능동적인 장소가 되어야 하며, 그래서 그곳을 직관적으로(많은 지시가 필요 없이) 움직일 수 있도록 설계해야 다음의 광경을 피할 수 있다.

- "안 돼! 당근 묘목을 밟지 마."
- "안 돼! 물은 네 신발이 아니라 밭에 주란 말이야!"
- "퇴비는 밭에 뿌려야지. 통로에 뿌리면 안 돼!"

학생들은 이따금 어쩔 수 없이 새로 판 흙이나 잘 통풍시킨 흙을 밟게 된다. 시간을 들여 당신의 정원을 직관적인 흐름에 의한 분명한 통로(재배상 둘레, 경사면 위쪽, 연장 오두막 또는 자주 찾는 곳 등)를 갖도록 고안하라. 현장을 걸으면서 당신이 어떻게 움직였는지를 느껴보고, 무엇이 가장 쉬웠는지를 주목하여 통로를 고안할 때 반영하도록 하라. 만약 높은 재배상을 계획한다면 땅에 직접 심을 때보다 이 방법을 적용하기가 더 쉬울 것이다.

재배상(식물이 자라는 곳)과 통로(발이 닿는 곳)를 잘 구획해 놓으면 앞에 말한 것과 같은 광경 없이 잘 지낼 것이다.

잘 조성된 통로는 학생들이 밭으로 들어가지 않도록 해 준다.

마대 자루로 만든 재배상은 만들기도 쉽고 의외로 오래간다.

학교정원에 사용해서는 안 될 재료

- ✓ **압축 처리한 목재**: 농작물 수확에 유해한 화학 성분을 함유하고 있으며 학생들의 손이나 발에 접촉하기 때문에

- ✓ **목재 섬유로 만든 플라스틱 판재**: 압축 처리한 목재일 수 있으며 필연적으로 부서져서 흙에 떨어짐

- ✓ **철도 침목**: 크레오소트 성분 때문에

- ✓ **폐타이어와 재활용 타이어**: 흙을 오염시킬 수 있음

- ✓ **합판**: 발암물질 성분의 접착제를 사용하기 때문에

- ✓ **재활용 목재**: 근원을 알 수 없음

- ✓ **페인트칠한 낡은 벽돌**: 납 성분의 함유 가능성 때문에

또한 표토층의 흙을 희사받을 때는 어디서 왔고 주변에 무엇이 있었는지를 확인하라. 오래된 건물은 납 페인트를 칠했을 수 있으므로 그 기초 주변에 있던 흙은 받으면 안 되며, 번잡한 도로 주변의 흙은 배기가스 속에 납 성분이 많으므로 역시 받지 않도록 한다.

*출처: 'Green Schoolyard Materials List', Bay Tree Design, Inc.

도심 속의 재배상은 비파괴적일 뿐만 아니라 녹색 빌딩의 부분이다.

지만 어지간해서는 깨지지 않으며 10여 년은 수리가 필요 없다.

많은 학교들이 교정 내의 아스팔트 위에 컨테이너 정원을 만들기 시작한다. 이는 정원 계획을 추진하고 교사들의 관심을 가늠하기에 아주 좋은 방법이다. 많은 도시 학교에서 컨테이너 정원을 짓기 위한 유일한 선택이고, 이는 아주 멋진 정원 계획으로 이어질 수 있다. 식재 상자는 폭이 90cm가 넘지 않아야 작은 아이들이 심거나 중간 부분까지 닿을 수 있다. 또한 상자가 너무 길어서 다루거나 움직일 수 없으면 안 된다. 식재 상자를 교정에 두어야 한다면 바닥을 튼튼히 하고, 배수 구멍이 있어야 하며, 배수가 잘되도록 아스팔트 위 2~3cm 정도 들어 올린다.

컨테이너 정원의 한 가지 어려움은 그 안의 식물들은 우리 안의 동물들과 다르다는 것이다. 식물들은 음식과 물을 전적으로 사람의 보살핌에 의존하기 때문에 스스로 그것을 해결할 수 없다. 만일 흙이 마르거나 흙 속에 충분한 영양분이 없다면 식물은 죽을 것이다. 식물은 특히 이런 점에 취약하다. 만일 컨테이너가 단 한 번만이라도 바싹 마르면 금방 죽는다. 목재를 이용하여 높인 재배상을 만드는 쉬운 예들이 많이 있다.

다양한 컨테이너들

- » 18리터 재활용 플라스틱 통
- » 가축 여물통
- » 목재 용기
- » 점토 화분
- » 낡은 물통
- » 재활용 용기

사질토양에 적합한 조립식 판자

옥상 컨테이너 정원

가축 여물통은 기성품이며 오래 견디고, 뿌리를 길게 뻗어도 충분할 만큼 크다. 토양을 채우기 전에 먼저 배수 구멍을 뚫어야 한다.

땅에 직접 심기

땅에 직접 심는 것은 비용이 저렴하면서 즉시 할 수 있으며, 근사한 시골 농장의 느낌을 준다. 토질 개선이나 노동력 외에는 별로 필요한 것이 없다. 불리한 점은 아동이 당근 밭을 가로질러 가려고 한다면 그렇게 할 수 있다는 것이다. 대체로 흙을 준비하는 데 많은 수고를 해야 하며, 재배상과 통로의 경계가 좁아지므로 잡초에 끊임없이 신경 써야 한다.

땅에 직접 심기를 하면 학생들에게 땅을 파고, 흙을 준비하고, 개량제를 주는 기회를 제공함으로써 육체노동의 느낌을 맛보고, 이마에 흐르는 땀을 느낄 수 있다. 직접 심기에서는 잡초가 가장 어려운 골칫거리인데, 특히 정원이 한때 잔디밭이었던 곳에 자리 잡고 있으면 더욱 그렇다. 제초필름을 쓰면 땅속줄기를 억제할 수 있는데, 잔디는 두드러지게 끈덕지기 때문에 처음 몇 년간은 세심한 관리가 필요하다. 하지만 잡초 뽑기같이 항상 주의를 기울여야 하는 학교정원 작업을 하는 것은 유용하다. 성공적인 학급이라면 정원에 나올 때마다 항상 할 일이 생길 것이다.

땅에 직접 심은 재배상은 농장 같은 느낌을 준다.

정원의 일 년 계획

9월
- 교장에게 정원 구상 제출
- 정원위원회 발족
- 주변 학교의 정원 조사
- 학교 간부, 위원회 회원, 학부모 및 여타 이해관계자들과 만나 야외 교실의 목표와 대상을 논의
- 일 년 단위 기금, 지역 경제단체로부터의 지원이나 설립 지원 기금 증서와 같은 모금활동 수단 탐색

10월
- 학부모 단체에 착수 자금 요청
- 정원을 이용할 학교 협력자 발굴(방과 후 프로그램, 미술 교실 등)
- 부지 활용의 조정
- 현장 지도의 활용
- 정원 후보지의 결정을 위하여 정원 계획서를 놓고 교통 상태와 교정의 현재 이용도를 논의

11월
- 학생들의 참여 요구
- 설계도를 계속해서 보완
- 자연경관 건축가와의 상담
- 학교 관할 지자체를 찾아 수도, 가스, 전기 공급과 같은 현장 관심 사항을 협의

1월
- 설계를 끝내고 승인 취득

2~3월
- 정원 조성 예산 확보
- 정원 프로그램 예산 확보
- 모금활동을 위한 대중과의 관계 자료 확보
- 교정을 정리하기 위한 봄철 작업 일정 계획

4~5월
- 계속적인 모금활동
- 종강 파티 개최
- 가을에 땅을 팔 지원자 양성

9월
- 삽질 축하!

완벽한 연장 오두막

학교정원의 연장 오두막은 보급품 진열장의 이중 역할을 하며, 때로는 정원 관리사의 사무실로서의 역할도 한다. 그곳에는 정원 프로그램을 지원할 만큼의 충분한

연장과 물품이 있어야 하지만, 관리할 수 없을 정도로 많아서도 안 된다.

이상적으로는 손잡이가 긴 연장을 걸 수 있는 수직선반과 20명가량의 학생으로 구성된 한 학급을 위한 적절한 숫자의 모종삽과 곡괭이, 양동이 혹은 플라스틱 우유상자가 있어야 한다. 그리고 전지가위나 절단도구를 위한 적절한 보관상자와 연필, 마커, 종이, 클립보드, 돋보기, 곤충상자, 씨앗, 요리도구 같은 학교 물품을 담은 플라스틱 상자를 위한 선반이 있어야 한다.

또한 교사가 한 학급 학생 모두와 각자 저널을 가지고 밖으로 나올 수 있어야 하며, 학급을 순조롭게 통솔하기 위한 모든 것이 오두막에 잘 준비되어 있고, 쉽게 찾을 수 있어야 한다. 그러나 충분한 물품을 갖추는 것과 도구 선반이 넘쳐 나는 비품들로 채워지는 것과는 분명한 선이 있으므로 무엇을 선반 위에 보관해야 할지에 대한 식별력이 있어야 한다. 허접한 것이 너무 많으면 원하는 것을 찾기가 어렵기 때문이다.

우리가 애호하는 학교정원의 연장 오두막에는 정원사를 위한 작은 작업 공간과 앉아서 교재를 정리할 수 있는 의자가 있다. 그곳에는 문발이 있고 재료나 씨앗, 페인트 등이 깔끔하게 보관된 통이 있으며, 심지어 일련의 정원 책자를 두는 공간도 있다. 작은 물통은 지붕의 빗물을 받아서 저장한다. 마치 그것만으로는 부족하다는 듯, 정원사는 이웃의 와이파이를 이용해 빠른 인터넷 검색도 할 수 있다.

당신이 만약 지금까지 우리의 제안을 잘 따라왔다면, 새로운 정원 공간을 사용할 만한 모든 사람들에 대한 규명이 되었을 것이며, 교정에 포함될 목록에 대한 조정을 마치고, 그 요소들을 사용해 정원을 어떻게 꾸밀 것인가를 결정하였을 것이다.

당신은 학교위원회의 모든 회원과 모든 지자체 관리자를 위원회에 초청했으며, 미래 학교정원의 설계를 마쳤다. 축하한다! 당신은 이제 학교정원을 꾸밀 준비가 되었으며, 이 순간이 모든 정원 설립자들이 기다리던 순간이다. 땅에서의 작업이 일 년만 지나면 당신은 이 프로젝트를 완성하고 미래까지 잘 유지할 준비가 된 것이다.

20~30명의 학생들을 위한 도구 목록

도구

- ✓ 곡괭이(15)
- ✓ 모종삽(15)
- ✓ 삽(2~3)
- ✓ 갈퀴(2~3)
- ✓ 긴 손잡이가 있는 빗자루
- ✓ 가는 톱
- ✓ 전정용 톱
- ✓ 전지가위(3)
- ✓ 가지 절단기
- ✓ 괭이(3)
- ✓ 외바퀴 손수레(2)
- ✓ 호스(2~3)
- ✓ 땅파기 갈퀴(2)

물품

- ✓ 클립보드(30)
- ✓ 저널
- ✓ 연필
- ✓ 색연필
- ✓ 크레용
- ✓ 마커
- ✓ 종이
- ✓ 풀
- ✓ 실 / 줄
- ✓ 테이프
- ✓ 가위
- ✓ 구급함

여러 가지 활동으로 바쁜 학교정원
Photo by Stephanie Ma

4 땅파기와 예산편성 및 모금활동

　축하한다! 당신은 학교정원 프로그램을 위한 준비를 마쳤고, 이제 흙에 삽을 대고 목재에 못질을 하여 실제 공간을 만들 시간이다. 당신이 어떤 크기나 어떤 형태의 정원을 상상하든지 간에 모든 공동체 구성원들은 하나가 되어 땅파기를 축하할 것이다. 가족들은 땅파기를 갈망할 것이고, 당신은 그들의 에너지를 집중시키고 조직화하여 정원을 현실성 있게 꾸며야 한다. 작업할 날짜를 잡고, 모든 자원봉사자들의 손을 바쁘게 할 계획을 세우면 된다. 모든 일회성 경비에 대한 사정을 하고,

프로젝트에 소요되는 것들을 어떻게 채울 것인지 목록을 작성하라.

이 장에서는 순조롭게 땅파기 작업을 할 수 있는 몇 가지 방법을 논의할 것이다. 일단 정원의 위치가 정해지면 대강의 연간 예산을 세워 두는 것은 정원이 앞으로 필요로 하는 것에 대한 학교의 이해를 돕는 데 유용하다. 그리고 이들 경비를 충당하기 위하여 모금활동이 필요할 것이다. 이 장의 뒷부분에서는 정원 프로그램의 연간 예산을 어떻게 작성하며, 예산 항목을 충당하기 위한 금전적·물질적 지원을 어떻게 구하는지를 설명할 것이다.

나는 잔소리꾼이 되기는 싫었다. 하지만 나는 스스로 정원 땅파기를 도와주겠다고 이제껏 말했던 모든 사람들을 귀찮게 하고 있음을 느꼈다. 많은 사람들이 그러겠다고 말은 했지만 실제 얼마나 올지는 가늠하기 어려웠다. 정원위원회는 분명히 오기로 했고 정원 조성에 찬성하는 몇몇 학부모들의 언질도 받았다. 마침내 그날이 왔고, 우리는 동네 제과점에서 협찬받은 커피와 차를 제공했고, 임대한 공구나 모든 필요 물품과 함께 우리가 어떻게 일할 것인지에 대한 세세한 계획을 준비했다. 당일 아침 9시, 일이 순조로울 것 같지 않았다. 도착한 사람은 거의 없었고, 설상가상으로 안개가 깔리고 바람이 불고 추웠으며 매우 황량했다. 10시가 되자 우리는 혹시 날짜를 잘못 알려 준 것이 아닌가 하는 의문이 들었는데, 갑자기 계시를 받은 것처럼 안개가 걷히기 시작하더니 밝은 햇살이 내리쬐고, 가족들이 오기 시작하면서 계속해서 몰려왔다. 우리는 다섯 그룹으로 나누어 16개의 재배상 조성, 정원 배관, 울타리 설치, 연못 파기 및 연못 내 펌프를 움직일 태양열 판넬 설치 등을 시작했다. 아이들은 손으로 양동이에 흙을 날라 재배상을 채웠다.

오후 5시, 우리는 기적 같은 일을 마쳤고, 다음 월요일에는 정원 프로그램을 시작했다.

– ABS

땅파기

땅파기는 많은 기본 계획을 요하는 행사다. 그것은 축하할 일이며, 동시에 공동체와 정원의 기반 시설을 함께 건설하는 작업이다. 미리 계획하는 것이 행사의 성공을 보장한다.

정원 땅파기 경비 산정

땅파기에 소요되는 자금을 이해하고 명확히 구분해야 재원을 지원받을 수 있다. 맨땅 위에 학교정원을 만들기 위해서는 장비, 식물, 공동체의 봉사활동, 홍보 및 전문적 원조 등에 대한 예산을 세울 것을 권한다. 이 경비 속에는 정원 조성에 필요한 모든 일회성 경비가 포함되어야 하며, 아마도 아스팔트 제거나 수도 배관, 공구 구입, 프로젝트 홍보비 등의 일을 위한 경비 및 조경 전문가 수당 등도 포함되어야 할 것이다.

지역 상권에서는 물품 기부를 선호할 수 있으므로 그들에게 무엇을 요구할 것인지를 분명히 하라. 학부모들은 가장 호응을 잘하는 자원이 될 것이므로 효율적인 봉사활동 전략을 마련하라. 많은 학교에서 기금 모금 '온도계'와 같은 가시적인 수단을 사용하는데, 이것은 그 자원들의 현재 모금 상황을 가시적으로 알려 준다. 학교 신문이나 간행물에 프로젝트에 필요한 물품들을 홍보하고, 학부모들의 특기 목록을 만드는 것을 잊지 마라.

프로젝트 초기에 필요한 물품

장 비	식물 재료와 비품	홍보 및 봉사활동	전문가 협조
• 연장(삽, 갈퀴, 괭이, 장갑, 모종삽, 호스) • 목재 • 중장비 임대 • 폐기물 상자 임대	• 식물 • 나무와 나무 말뚝 • 실생 식물 • 종자 • 양동이 • 혼합비료 • 흙 • 철물	• 현수막 • 전단지 • 우편물 발송 • 축하 용품	• 아스팔트 제거 • 조경 전문가 • 배관공 • 목수

기금 조성, 어디서부터 시작할 것인가

작업일 계획

중장비(굴착기나 해머드릴)를 요하는 작업은 땅파기 작업 이전에 이루어져야 한다. 정원 계획을 참조하여 일의 우선순위를 정하고, 그것들을 더 작은 단위, 예를 들면 휴식 공간 마련, 높인 재배상 조성, 나무 또는 경계수 심기, 새 흙 운반 등과 같이 세분화한다. 세분화된 계획표는 각기 다른 수준의 숙련도를 지닌 많은 지원자들을 데리고 여러 가지 일을 한꺼번에 하려 할 때 도움이 될 수 있다.

땅파기 계획서의 세분화된 작업을 하려면 특별한 재료가 필요하다. 목재를 어떤 종류로, 얼마나 또는 다른 건축 재료, 배관재, 못, 볼트류, 흙 등이 얼마나 필요한지를 미리 결정하고 작업일 이전에 현장에 배달되어 있도록 하라. 그리고 재료가 쓰일 장소에 적절히 배치하라.

학부모 단체에 망치, 톱, 말뚝 구멍 굴착기, 삽, 기타 연장을 가져오도록 하라. 장갑도 갖고 오는 것을 잊지 않도록 하라. 어떤 연장들, 예를 들면 삽 한두 자루나 갈퀴, 넓은 빗자루 등은 구입해서 정원에 비품으로 비치할 수 있다. 필요한 원예 용품 또한 잊지 마라. 작업일에 땅에 심고 싶은 식물의 구입도 잊지 마라. 필요한 흙의 양을 계산하여 미리 현장에 옮겨 놓으라.

위임 업무

정원 계획 중 어떤 부분은 조성을 완성하고 조직화하기 위하여 숙련된 프로젝트 책임자가 필요하다. 학교 공동체 구성원 중에 높인 재배상을 만들거나 연장 오두막

숙련된 프로젝트 리더는
성공적인 땅파기의 필수 요소다.
Photo by Jen Thacher

바쁜 자원봉사자는 행복한 자원봉사자다.
Photo by Jen Thacher

땅파기 준비

» 건설 비용과 일회성 경비를 예상하라.
» 계획서를 손에 들고 땅파기 일정의 대략적인 스케줄을 짜라.
» 연장과 재료들을 미리 현장에 배달하라.
» 특정한 조성 공사를 지휘할 숙련된 프로젝트 책임자를 구하라.
» 정원위원회로 하여금 공동체에서 지원자—아동들을 포함하여—를 모집하도록 하라.
» 자축연을 계획하고, 가정에서 만든 건강식 간식을 지원자들에게 제공하라.

또는 온실을 짓고, 배관 공사나 나무 심는 작업 등을 지휘할 사람이 있는지 찾아보라. 다른 지원자들은 조각을 모으고, 구덩이를 파고, 재배상에 흙을 채우는 등의 일을 도와주는 일벌이다.

땅파기를 둘러싼 흥분으로 학교 공동체에서 많은 작업 지원자가 나올 것이다. 특히, 학교가 요구하는 사회봉사 시간을 채워야 하는 학생들을 포함시키도록 한다. 운반해 온 흙을 재배상으로 옮기거나 통로에 멀칭을 하는 것과 같이 어린 자원봉사자가 할 일도 생각해 두어라. 모집하는 수고는 학교 공동체 구성원에게 위임하라. 땅파기를 학교 신문이나 게시판 또는 웹사이트에 광고하고, 특정 업무를 위한 개별적인 학부모를 모집하라. 정원위원회의 어느 한 회원은 전체적인 일정을 섭렵하면서 자원봉사자들을 분류하고, 예상 외의 물품을 가지고 오는지 감독해야 한다. 자원봉사자가 일을 찾고 있는지 지켜보라. 작업일에 왔는데 모든 연장이 사용 중이거나 할 일이 없는 것은 최악의 상황이다.

자축연 준비

땅파기란 정원 만들기에 필요한 것일 뿐만 아니라 그 자체를 자축하는 일이기도 하다. 위원회 회원들과 학부모 지원자들에게 음식과 다과뿐만 아니라, 아동들을 위한 간단한 장식이나 재미있는 놀이 또는 일을 준비하도록 배당하라.

땅파기 일정은 몇 시간 동안 계속되며 일이 매우 힘들 수 있다. 정성이 담긴 과자와 음료로 자원봉사자들을 잘 충전시켜라. 수중에 있는 재료로만 만든 가정식 먹을거리들이 편의 식품보다 환영받는다. 맛있는 가정식 음식을 제공하면 자원봉사자들은 기뻐하며 앞으로의 작업일에 기꺼이 나올 것이다. 집에서 손수 만든, 영양가 풍부한 간식을 제공하면 정원 프로그램이 한층 더 영양학적인 접근이 되도록 분위기가 형성될 것이다. 활동적인 육체에 동력을 주려면 잘 먹어야 한다.

정원 프로그램의 예산편성

이제 정원이 자리 잡히고 조성 재료비와 몇몇 연장 구입비가 계산되었으면, 앞으로 정원에서 어떤 지출이 발생할 것인가를 면밀히 조사하는 것이 필요하다. 학부모연합회가 프로그램 진행비에 대해 확실히 이해할 수 있도록 일 년간의 예산을 짜

라. 정원 예산에는 정원 교육자의 급료, 연장, 기반시설 수선비와 새 연필과 클립보드 같은 지급품들이 포함되어야 한다. 일 년간의 총 예산이 세워지면 프로그램을 진행하기 위하여 얼마만큼의 기금 모금이 필요한지 명확해질 것이다.

정원 교육자 급료

정원 교육자는 종종 정원 프로그램을 완결된 형태로 굳건히 하는 데 없어서는 안 될 퍼즐의 조각과도 같다. 이 자리는 가끔은 학교 측에서 전일제 정원 교사를 앉힐 방법을 모색하기도 하지만, 주로 시간제다. 다른 방법으로, 관리자가 영리하다면 학교의 다른 업무를 추가하여 시간을 채워 줄 수도 있다. 정원 프로그램의 범위와 정원을 이용할 학급의 스케줄에 따라 정원 교사는 일주일에 두세 번, 심지어 다섯 번까지 수업을 지도할 수 있다. 보상 방법은 다양하다. 정원에서 보낸 날짜에 대한 일당을 정하거나 정당하고 가능한 만큼의 시급을 정하라. 매년 조금씩 인상하도록 계획하는 것을 잊지 마라.

내가 처음 정원 교사로서 가르칠 때 내 급료는 180일 강의에 일당 100달러였다. 나는 한 주에 5일, 오후에 근무했다. 나는 매일 45분짜리 수업을 세 번 지도했는데, 유치원 학급은 예외로서 30분밖에 하지 않았다. 금요일에는 4~5학년 한 학급씩만 맡았다. 시간표에 상관없이 나는 종종 다음 날의 수업 준비로 늦게까지 있었다. 나는 연간 세전 18,000달러를 받았다. 우리 학교 교장은 동정심이 많아서 마침 아침 시간에 읽기·쓰기 선생님이 필요하자 신뢰를 바탕으로 나를 채용했는데, 덕분에 나는 유치원 학급과 1학년의 음소론반 사이를 왔다 갔다 했다. 나는 단순히 정원 프로그램만을 통해 알던 것보다 더 깊이 있게 교사들과 학생들을 알게 되었다. 나는 또한 교과 과목에 관한 귀중한 경험을 얻었고, 정원에서의 가르침을 통해 아동 발달에 대해 많은 것을 알게 되었다. 학교에서 음소론과 정원 일을 함께한 후로 나는 비교적 정상적인 8시간 근무를 할 수 있었다. 몇 년 동안 나는 다양한 방과 후 프로그램으로, 심지어는 학부모가 소유한 태양전지 회사로까지 근로시간을 연장했다. 나는 남부럽지 않은 생활을 하고 있고, 내가 하는 모든 일들을 사랑한다고 모두들 말했다. – RKP

도구 수리와 보충

정원에서는 매년 불가피하게 도구를 수리해야 한다. 때로 태양전지 판넬이 도난당해 연못의 펌프가 작동되지 않을 수 있고, 사나운 폭풍으로 창고 지붕이 망가질 수도 있다. 또 호스가 닳고 찢어져서 물이 샐 수도 있다. 어떤 경우든지 간에 이들을 수리하고 기반시설로 성능을 향상시켜야 한다. 한 양동이 분의 모종삽과 땅 파는 갈퀴는 수업 중 또는 점심시간 혹은 자유놀이 시간에 자유로이 사용될 것이다. 일부는 잃어버릴 것이고, 일부는 나무 망치가 되거나, 솔방울, 씨앗 혹은 다른 물건을 깨는 데 사용될 것이다. 결국에 그것들은 분리되거나 정원 밭에 버려지거나 또는 부서질 것이다. 그래서 2년마다 그것들을 보충할 계획을 세워야 한다(더 큰 도구들은 잘 관리하면 몇 년간 쓸 수 있다).

기반시설 개선

정원 기반시설의 개신은 매년 필요하며 이에 대한 계획을 세우는 것이 현명하다. 맨 처음 만들었던 샌드위치 판넬 창고가 더 이상 기능을 못하고, 프로그램 진행상 도구와 용품을 위한 더 튼튼하고 넓은 공간이 필요할 수 있으며, 시선을 교정 내 다른 곳으로 확장하고 싶거나 특정 표준에 의한 교수도구로서 자생종 시연 정원을 만들고 싶다면, 교정을 계속 주시하게 될 것이다. 정원에 있는 중앙 탁자는 다리 두 개가 썩어서 기울어졌을 수 있다. 새 것으로, 더 큰 탁자를 장만하여 모든 아이들이 둘러앉아 설명을 들을 수 있도록 하라. 혹시 목재를 구할 수 있다면, 학부모들이 기꺼이 만드는 방법과 수고를 제공할 것이다. 이처럼 기반시설의 개선을 충당할 기금을 매년 마련하라. 기반시설을 개선해야 할 일이 불가피하게 일어날 것이기 때문이다.

교육 과목과 도서관 업그레이드

당신이 지금 이용하고 있는 정원 프로그램은 필연적으로 수정되고 신판을 간행해야 한다. 프로그램은 그 수정에 따라 가능할 때마다 지속적으로 업그레이드되어야 한다. 또한 다른 교과 내용을 구입하거나 정원 도서관을 새로운 아동들의 책들로 확장하기를 원할 것이다. 매년 발생하는 경비가 아니더라도, 예정에 없던 업그레이드를 위한 비용이 예산에 반영되어 있어야 한다.

인적 자원은 아무리 큰 정원 문제라도 해결할 수 있고, 학교는 작은 조직으로도 끝없이 그 에너지를 공급받을 수 있다.

교사와 교장들이 '유기적 정원 가꾸기 101'에 대해 배우고 있다.

전문가 육성

교사들이 어떻게 야외 교실을 이용하고, 어떻게 해야 이곳에서 편안함을 느낄 수 있는지 훈련하는 정원 프로그램에 투자하라. 학교 공동체 구성원을 위해 정원과 생태 중심적 전문가를 육성하는 것은 많은 이점이 있다. 아마도 지역에 자연과학이나 식물과학 과정을 제공하는 생태학센터나 자연박물관이 있을 것이다. 지역에 정원사 양성 프로그램이 있는지 찾아서 협력을 도모하고, 그들이 어떤 과정을 제공하는지 알아보라. 지역사회의 대학이나 대학교는 아마도 환경과학이나 원예학 과정을 두고 있을 것이다. 이들의 연수 비용은 다를 수 있으나, 예산의 일부분을 아주 중요한 이 부분에 투자하는 것을 잊지 마라.

이곳 샌프란시스코에는 운 좋게도 전적으로 학교정원을 위한 전문가 양성 프로그램이 있다. 소노마 시에는 서양미술과 생태학센터가 매년 여름 베이 지역과 그 일대 학교를 위해 3개의 고정 학교정원 교사 훈련 과정을 운영한다. 이 과정에서는 유기 농법, 씨앗 저장, 교과목과의 연계 및 학생들과 무엇을, 어떻게 요리할 것인지 등을 배운다. 교사들은 자신의 정원 프로그램을 전략적으로 짜고 다음 해의 목표를 설정한다. 참가자 일인당 일주일에 500달러인데, 숙식 포함이다. - RKP

비품

모든 수업에서 연필, 지우개, 잡지, 크레용, 페인트, 색연필 등과 같은 소모품들은 매년 정원에서 보충해 줘야 한다. 이들 경비를 연간 예산에 포함시키고, 새로운 과목이나 활동에 필요한 비예측 소모품에 대한 여유도 확보해야 한다. 정원 수확 파티를 위한 요리도구(재료)도 일 년 내내 보충해 둬야 한다. 올리브유, 소금, 후추, 식초, 간장, 꿀과 같은 소모품들은 금방 없어진다. 종이접시와 물비누는 매년 보충해야 한다.

매년 봄 정원 파티는 자원봉사자들을 일깨워 주고, 공동체로서 정원에서 휴식하고 즐길 수 있는 아주 좋은 방법이다. 음식과 음료(일부는 학부모가 가져오겠지만), 식기와 용품, 밴드 초청 비용 그리고 페이스페인팅, 썬 프린팅, 새 모이통 만들기 등의 활동 소모품도 필요할 것이다. 무엇이 소모되는지 잘 추적해서 예산의 한 항목으로 넣어야 한다.

공동체를 건전하게 만드는 파티에 기금의 일부를 사용한 것을 후회하지는 않을 것이다. 왜냐하면, 이러한 파티를 통해 교사들은 마침내 편안해질 수 있고, 부모들은 사교적으로 되며, 아이들은 정원을 거닐며 놀 수 있기 때문이다.

노동력

매 학급마다 최소한 20쌍의 열성적인 학생들이 학교정원을 유지하기 위해 애쓴다. 잡초 뽑기, 멀칭하기, 물 주기, 비료 주기 그리고 수확 등은 당신의 일이 아니라 학생들의 일이다. 더 숙련된 일손이 필요할 때는 학부모가 도와줄 것이다.

노동력은 학교정원에서 커다란 준비물이고, 많은 학생들이 돕기를 열망한다. 정원 유지에 학생들이 공동체로 참여하여 흘리는 땀은 학생의 주인의식과 자존심을 높일 것이다. 외부의 숙련된 노동력으로 인한 경비 지출은 매우 드물고, 오직 학교 공동체 자원이 고갈되었을 때만 요구된다. '비오는 날'의 할당이나 다른 특별한 경비에 대하여도 준비해야 한다.

정원의 일 년 예산

• 정원사 급료	$15,000
• 수선비*	$500
• 도구 교체비*	$200
• 기반시설 개선비*	$1,000~5,000
• 요리도구(재료)	$100
• 파티 준비물	$500
• 교과목 및 도서관 업그레이드비*	$250
• 수업 준비물	$100
• 정원 코디네이터와 교사 전문성 향상	$1,500
• 인건비	무료

*매년 필요하지 않음

L 정원에서 작업용 장갑은 자원봉사자들에게 유용하다.

R 그들이 원하는 것은 신선한 비네그레트뿐이다.

Photo by Brooke Hieserich

내가 정원사로 일한 처음 2년 동안 학부모들은 이렇게 말하곤 했다. "우아, 선생님 정원이 아주 멋져요!" 나는 그 말에 묘한 모욕감을 느꼈다. 그것은 내 정원이 아니었다. 정원은 이 학교 학생들의 것이었다. 아이들이 심고, 물을 주고, 잡초를 뽑고, 나르는 모든 일을 한 것이고, 내가 한 일이라곤 아이들을 지도하고 그에 따라 도운 것뿐이다. – ABS

정원 프로그램 모금활동

우리는 격조 있는 정원 프로그램에는 그것을 뒷받침하는 기금이 있다는 것을 수없이 보아 왔다. 잘 운영되는 프로그램과 훌륭한 정원 코디네이터가 프로그램의 질을 높여 준다. 또한 그 프로그램은 인기 덕에 정원을 유지할 수 있는 기금을 끌어 모은다.

학교정원 기금 중 가장 확실한 것은 학교 측에서 직접 나온다. 일반적인 기금으로는 학교지역 특별과학기금, 학교현장 상담기금, 교장 임의재량기금, 학부모연합

기금 등이 있다.

학교는 언제나 연간 기금 운용의 수혜자인데, 이는 학교의 연간 예산보다 많은 기금을 모아 프로그램을 지원할 기금을 늘린다. 성공적인 학교정원은 작게 시작하되, 지속적으로 성장한다. 어떤 곳은 학부모로부터 받은 2천 달러로 첫해를 시작했는데, 8년 후 그들의 연간 기금 모금은 2만 달러에 달했다.

정원 코디네이터가 의미 있고 성공적인 프로그램을 개발해 냈기에, 정원을 설립한 학부모들은 기금을 확보하고, 자녀가 그 학교를 졸업했음에도 계속 자리를 보장하여 프로그램을 육성하도록 했다.

공동체의 투자

한 학교의 공동체에는 여러 독립 단체들이 존재한다. 즉, 인근에 사는 주민, 지역 상권, 지역 동아리, 학부모, 학교 관리자, 교사 및 학생들이다. 학교정원은 종종 이들 서로 다른 그룹을 하나로 묶어 학교를 공동체의 중심으로 만든다. 이들 주민 그룹과 상권과의 관계를 돈독히 하고 이들이 자원봉사나 현물, 아니면 금전적 기부를 통해 정원 프로그램을 지원할 수 있도록 고무시켜라. 학교정원은 여러 계층의 지원으로 유지된다. 공동체가 번성하는 정원 프로그램을 보장하도록 장려하라.

정원 프로젝트에 연간 작업일을 정해 놓으면, 학교 주변 공동체의 관심을 유발하기에 좋고, 물질적 지원을 이끌어 낼 수 있다. 우리는 지역 내 커피숍에서는 큰 통의 커피를, 제과점에서는 과자를, 식품점에서는 점심과 주스를, 철물점에서는 씨앗이나 연장을 기부하도록 했다. 지역 상인들은 작업일에 수목 재배가나 조경 설계사, 관개 전문가 등의 전문적인 봉사로 기부하기도 했다. 지방자치단체에도 가끔 직원들을 공동체 봉사 일에 참여시키도록 요구하라.

그러면 큰일을 할 때 노동력을 집약할 수 있다. 작업일을 잘 조직해 놓는 것은 성공의 지름길이며, 지역 주민들에게 파고들 수 있는 아주 좋은 기회다. 누가 자기 지역의 공립학교를 돕지 않겠는가? 그들이 어찌하면 되는지를 알려 주고 그들에게 그것을 할 기회를 주는 것은 주최자의 업무다.

후원금 협조문 작성

학부모 중에 후원 협조문을 잘 쓰는 사람들이 있을 것이다. 이 글쓰기 능력은 터득한 기술로서 약간의 연습과 신뢰만 있다면, 얼마간의 시간과 글쓰기 능력이 있는

낡은 신발 속의 다육식물 – 작은 모금 행사

정원 프로그램에는
다양한 기금 모금 방법이 있다.

사람은 누구나 해낼 수 있다. 대부분의 공립학교는 비영리단체이기 때문에 후원금을 받을 수 있다. 통상 후원금은 지자체나 도청, 중앙정부, 아니면 민간기금으로부터 지급받으며, 큰 기업들도 종종 후원금을 마련하고 있다. 이들 기구는 다양한 목표와 사명을 갖고 있으므로 당신이 하려는 일을 지원할 기금을 찾는 것이 첫 번째 일이다.

인터넷으로 당신의 정원 프로그램과 비슷한 이상을 가진 지역 재단을 찾아라. 그리고 그 재단의 프로그램 관리자와 전화 통화하는 시간을 가져라. 그들은 프로그램이 적합한지 아닌지를 금방 답해 줄 것이다. 다음 단계는 그 재단에 제출할 제안서를 작성하는 것이다.

후원금 협조문을 잘 작성하기 위해서는 강력한 지도력과 공동체의 지원 설명, 명확한 목표와 목적이 있는 사명, 이상을 구현할 수 있는 능력, 지속 가능한 계획 등이 있어야 한다. 협조문을 쓰는 것은 이 과제들을 당신의 마음속에 명확히 하는 것에 도움이 된다. 일단 협조문이 완성되면, 이는 다른 재단에 제출할 때 기본 틀이 될 것이다. 실제적인 협조문 쓰기에 대한 더 많은 정보는 이 책 말미의 '관련 자료'에 있다.

대부분의 재단은 온라인 신청 안내를 구비하고 있으니 그대로 잘 따르면 된다. 제출 서류를 어떻게 받고, 언제가 마감인지 세심한 주의를 기울여라. 후원하는 것은 인생의 대부분이 그렇듯이 관계 맺기다. 정원 프로그램에 후원하는 재단은 종종 동반자의 역할을 떠맡는다. 그들은 성공과 도전에 대해 알고 싶어 하므로, 중간보고와 최종 보고를 하여 그들에게 현장감을 제공하라.

규칙에 따라, 재단은 급료가 아닌 프로그램에 후원하기를 선호한다. 하지만 누군가는 프로그램을 운영해야 하고, 따라서 급료는 프로그램 비용으로 들어간다. 1천 내지 5천 달러의 적은 후원금으로 착수하여 정원 프로그램을 일으키고, 신뢰를 쌓고, 키워라. 계속해서 제안서를 쓰고, 이상을 연마하고, 공동체의 지원을 육성하라.

학교 측의 모금활동

학교는 자체 자금의 일부를 정원 프로그램의 지원에 써야 한다. 후원금 담당 공무원은 가끔 자체 공동체로부터 얼마나 프로젝트에 지원되는가를 조사한다. 몇몇 학교에서 이것은 쉬운 일이다. 그러나 많은 도시 학교들에서 기금을 형성하는 것이 때로는 불가능할 수도 있다. 적은 금액으로 시작하라. 정원의 일 년 기금을 만들어

학교 측의 기금 모금 아이디어

» 학교정원 만찬의 밤이나 수확 파티를 개최하여 약간의 입장료를 부과한다.
» 정원에서 거둔 씨앗을 학생들이 만든 주머니에 넣어 판매한다.
» 학교행사 때 정원에서 거둔 허브를 말린 것 혹은 신선한 형태로 판매한다.
» 정원의 식물을 뿌리를 나누거나 잘라서 재배할 수 있도록 하여 후에 정원 식물을 판매한다.
» 학부모들이나 지역 상권으로부터 기증받은 물품으로 걷기대회나 입찰식 경매 또는 추첨식 경매를 개최한다.

정원에서의 '영화의 밤' 행사

시작하라. 모든 학부모들에게 5달러 또는 능력이 되면 그 이상을 요구하라. 매년 기금을 모금하는 전통을 만들고, 마음속으로 100%의 참여를 목표로 하라.

걷기 대회나 지역 상인들로부터 자선 경매를 통하여 이 투자금을 확보하라. 학생들이 수확한 씨앗 한 봉지를 팔거나 방과 후 또는 학교 행사 때 잉여 작물을 팔아라. 그 금액이 적든 크든지 간에 공동체로부터 직접 나온 투자금은 프로그램을 재정적으로 확고하게 지탱할 것이다.

나는 정원사로서 학교 연례 경매 행사에 물건이나 활동으로 참여할 것을 요구받았다. 몇몇 교사들은 6명의 학생에게 야구 경기와 아이스크림을 제공했다. 한 교사는 공예 솜씨를 보여주려고 5명을 자기 집에 데려가서 차를 대접하고 목걸이를 만드는 반을 맡았다. 나는 학부모 몇 분의 도움으로 정원에서의 '영화의 밤' 행사를 제안했다. 나는 저녁과 따뜻한 음식, 후식을 정원으로 나르고 프로젝터를 설치했다. 나는 학생 10명을 맡을 것을 제안했다. 세 가족이 참여하고 다른 그룹과의 입찰을 통해 1,500달러에 '영화의 밤'을 구입했다. 이것은 정원의 일 년 예산 중 큰 부분을 차지했다. 나는 다음 해의 행사에도 이것을 반복했고, 지난해 경매에서 실패했던 다른 그룹이 입찰에 성공했다. - RKP

　이제 당신은 정원 기금을 확보했고, 대강의 연간 예산을 세웠으며, 정원사를 고용할 수 있을지에 대하여 연구했고, 필요로 하는 대부분의 준비물에 대한 지원도 확보했다. 다음은 무엇일까? 정원이 진정한 야외 교실이 되기 위해서는 정원 프로그램이 구성되어야 한다. 당신은 교사들이 정원을 어떻게 이용할지 상상하는 것에 대하여 의논했을 것이다. 이제는 더 깊이 파고, 교과목을 어떻게 통합할지를 그려내야 할 때다.

5 학교정원 프로그램의 개발

 이제 학교에 정원이 생겼다. 다음 단계—아직 시작하지 않았다면—는 정원 프로그램을 개발하는 일이다. 정원에서 교사들이 수업할 과목을 배치하고, 정규 학급을 편성하고, 교실 학습과 연계된 연간 학습 계획을 문서화하는 것으로 정원 프로그램을 개발할 수 있다. 학교정원을 시작하기 위하여 많은 공약과 조직이 필요하지만, 이를 뒷받침할 만한 프로그램이 없다면 정원은 '교과 외 활동'으로 격하될 것이며, 따라서 학생들은 정원과 긴밀한 관계를 맺는 기회를 갖지 못하고 부득이하게 프로젝트에 대한 흥미가 줄어들 것이다. 반면에, 프로그램은 학생들이 정규적인 기반하에 정원과 마주할 기회를 제공하는 것이고, 정원을 지탱할 적지 않은 인적 자원을 투자하는 것이다.

시작하기

 궁극적인 목표는 학교의 모든 학생과 교사를 야외 교실에 포함하는 것이지만, 한 학년 단위로 정원 프로그램을 시작하는 것이 더 쉬운 방법이다. 한 학년만으로 시행착오를 겪으면서 프로그램을 운영하는 것이 4~5개 다른 학년을 다루는 것보다 쉽다. 시험 첫해는 정원 계획하에 위원회와 함께 일하면서 이 프로그램에 관심 있는 교사들과 의기투합할 절호의 기회다. 첫해는 또한 무엇이 가능하고 무엇이 불가

L 학교정원은 야외 교실이다.

R 정원 코디네이터는 지식이 있고 열정적이고, 무엇보다도 조직적이어야 한다.

> 1~3학년이 시범 프로젝트에 이상적인데, 나는 개인적으로 2학년을 선호한다. 내 생각에, 인간성은 2학년 때 최상이고, 유머가 좋으며, 일곱 살짜리의 흥분과 열광은 억압할 수가 없다. 일곱 살짜리 여자아이들은 민달팽이와 달팽이를 만지고, 일곱 살짜리 남자아이들은 기꺼이 새로운 채소 맛을 보며 맛있다고 말한다. – ABS

능한지를 실험하고 이해할 수 있는 자유를 누릴 수 있다. 2년째는 2개 학년을, 3년째는 그 이상을 수용할 수 있다.

우리는 정원 프로그램이 작게 시작해서 매년 확장되는 것을 수없이 보아 왔다. 교사들은 그 전염적인 열광에 감사할 것이며, 정원이 기능하는 것을 보기만 한다면 동참에 서명하고 성공적인 프로그램의 한 부분이 되려 할 것이다. 즐겁게 열중하는 학생들은 강력한 유혹이 될 것이고, 심지어 가장 완강히 반대하던 교사조차도 잘 조성되고 편리한 야외 교실을 사용할 방법을 궁리할 것이다.

10여 개 학급에 대한 교육적인 정원을 조정하는 업무는 곧 운영 문제를 야기할 것이다. 프로젝트가 인기를 얻고 더 많은 교사들이 야외 교실을 쓰겠다고 하면, 이

정원 코디네이터가 연장 오두막에서 나오고 있다(마치 어린 학생들은 선생님은 학교에서, 정원 코디네이터는 연장 오두막에서 살고 있는 것으로 생각한다).

업무를 보좌할 헌신적인 사람이 필요하게 된다. 흔히, 프로젝트의 선봉에 섰던 학부모가 정원 프로젝트가 만들어지면 정원 코디네이터 역할을 맡게 된다. 가끔 우리는 추진력과 능력 있는 핵심 그룹 교사들끼리 정원 프로그램을 스스로 구성하고 운영하는 학교에서 일한 적이 있지만, 대부분은 중심 인사—정원 코디네이터—가 프로그램을 순조롭게 진행하기 위해 필요하다. 때로 정원 코디네이터는 자원봉사자인데, 이 경우는 프로젝트가 생기를 잃는 것을 방지하기 위하여 매년 그 자리를 새로 채우는 것이 중요하다.

정원 코디네이터

정원 코디네이터 또는 정원 교육자(우리는 이 직책을 호환해서 쓴다)는 그 기능이 학교 도서관 사서와 매우 흡사하게, 정원을 드나드는 모든 학급과 접점을 모색한다. 학교 도서관이 순조롭게 기능하려면 실력 있는 사서가 필요하듯이, 학교정원도 지정된 사람이 책임을 맡았을 때 가장 잘 운영된다. 흔히 이 자리는 자원봉사

정원 코디네이터 채용 안내

벤자민 프랭클린 초등학교에서는 새로운 야외학습 정원에서 일할 환경교육자 겸 정원 코디네이터를 찾고 있습니다. 코디네이터는 학생들(유치원~5학년)과 직접 일하며 다음의 능력을 갖추어야 합니다.

» 학생들과 함께 채소와 토종식물 정원을 가꾸는 일
» 야외학습 정원 돌보기와 혼합비료 주기, 영양 및 야외 프로젝트 개발
» 현장 박물학자 역할로서 정원의 원천에 대해 잘 알고, 학생이나 참모들과의 관계를 증진하여 야외 설치물에 대한 그들의 관찰과 참여를 고무하는 일
» 점심시간을 이용한 정원 방문자 지도

업무
» 계절 채소로 연중 정원 유지하기
» 학교 참모들과 함께 교육적 내용의 표준이 되는 과목을 구입하고 개발하기
» 혼합비료 체제 유지 및 감독하기
» 사진이나 학생들의 단어 필사, 게시판 등을 이용하여 진행하는 학생 프로젝트의 문서 정리에 참여하기
» 참모와 학부모 정원위원회와의 연락책 역할하기
» 후원금 협조문과 보고서 작성하기
» 격년제 공동체 작업일 조직하기
» 교사에 대한 전문성 개발 기획하기
» 교장, 학부모협회, 정원위원회에 정규 보고서 제출하기
» 현장 답사 및 다른 교외 활동 조정하기
» 점심시간에 정원 감독하기
» 지역 내 새로운 학교정원에 대한 멘토링 및 대규모 학교정원협회 모임에 참석하기

자격 요구 조건
» 학사학위 소지자
» 5~11세 아동 경험자
» 채소와 기초 조경 업무 경험자
» 유연하고 창조적인 수업 접근법
» 업무를 조직하고 독립적으로 진행할 수 있는 능력이 있는 자
» 다양한 문화와 언어를 가진 학생과 참모들과 함께 일할 수 있는 능력이 있는 자
» 뛰어난 글쓰기와 컴퓨터 문장 실력이 있는 자

근무 시간과 보수
» 시간제, 150일 근무에 일당 100달러(주당 20시간, 시간당 약 25달러)
» 숙련도나 흥미, 편의성에 따라 학교에서 계획을 완수할 수 있는 기회 제공
» 신선한 성과

응모 방법
자기소개서와 이력서를 이메일로 ○○○에게 보낼 것

를 하는 학부모로 시작하지만 시간이 흐르면서 예산을 배정해 유급자로 하는 것이 좋다.

　학교 공동체의 학부모들은 뛰어난 정원 코디네이터인데, 그들은 학교에 대한 관심이 높고, 아동들의 행동이나 연령에 맞는 교육을 잘 알고 이해하고 있기 때문이다. 그러나 최근 들어 젊은 대학 졸업생들이 정원 코디네이터가 되려는 새로운 조짐이 보인다. 이들 젊은이들이 학교 공동체에 열정적인 힘과 권위를 행사한다.

　정원 코디네이터는 정원 프로그램에 진정으로 유익하며 기금에서 이 시간제 자리를 지원해야 한다. 이상적으로는 학부모협회가 연례 기금 운용으로 급료를 준다. 10년 또는 그 이상이 경과된 성공한 정원들은 이처럼 안정된 시나리오를 갖고 있지만, 그렇지 않은 학교는 이 자리를 지원할 다른 기금 전략을 찾아야 한다. 정원 코디네이터는 통상 자문역으로 분류되며, 교장에게 직접 보고한다. 정원위원회가 할 일은 프로그램을 운영하는 데 필요한 모든 물품이 준비되어 있다는 것을 확신시켜 줌으로써 정원 코디네이터를 지원하는 것이다.

표준 교과를 정원 과목과 연결하기

　뛰어난 정원 코디네이터는 우선 정원에서 학생들을 가르치는 것에 초점을 맞춘다. 표준 교과의 골격은 많은 지역에서 개발되어 있다. 그것들은 학생들이 각급 학년에서 습득해야 할 지식과 개념, 기술에 대해 정의하는 데 도움이 되도록 고안되었다. 학생들은 자주 학기 동안에 이 기준에 의해 평가받으며, 그 결과 점수는 해당 학교나 교사가 성공하고 있는지를 말해 준다.

　너무나 당연하게도 많은 학교 관리자와 교사들은 표준 교과가 맞는지 확실히 하기 위해 애쓰고 있으며, 캘리포니아 교육 당국은 일련의 표준 교과를 발간했다. 표준 골격은 지역이나 도, 국가에 따라 달라진다. 특정한 자기 지역의 표준을 이해하면 정원은 가르치기에 훌륭한 장소라는 자기 학교 공동체의 사례를 만드는 데 도움이 된다.

　표준은 흔히 인터넷으로 조사할 수 있는데, 그와 함께 다양한 정원 과목을 찾을 수 있다. 순서를 바꾸어 어느 학년에 어떤 과목이 적절하게 개설되어 있는지를 먼저 찾고, 다음으로 그 표준을 설명하는 정원기반 과목을 찾는 것이 더 쉬울 것이다. 캘리

유치원 범위와 순서

교사의 '범위와 순서'란 공부의 특별한 단위와 언제 가르칠 것인가에 대한 것이다. 교사들에게 연간 교과 계획을 물어보면 수업 시간에 무엇을 가르칠 것인가에 따라 일 년간의 정원 수업을 대강 도식화할 수 있다. 한 예로, 전형적인 유치원 과학탐구의 범위와 순서는 다음과 같다.

» 가을: 나 자신과 다른 사람들
» 겨울: 오감
» 봄: 종자와 잡초

정원에서 이들 광범위한 범주를 잘 세분화하고 활동을 하게 하면 연결시키기가 쉽다.

» 가을: 벌레에게 자신을 소개한다. 벌레의 몸체 부분을 그리고, 이어서 자신을 그린다.
» 겨울: 정원에서 채취한 다른 질감의 물체를 각각 4개의 봉투에 담고, 아이들이 그 속을 만져 보고, 물체가 무엇이며 어떤 느낌인지를 묘사하라고 한다.
» 봄: 아이들에게 씨앗이 바람, 물, 동물 혹은 특별한 적응에 따라 어떻게 퍼지는지 보여 주어라.

포니아 같은 일부 주에서는 『표준 아동 정원(A Child's Garden of Standard)』이라는 책자를 발간하여 교사들이 특정한 과목을 지정하도록 하는 데까지 앞서 나갔는데, 이 책은 내용 표준을 핵심 주제별로 세분화하고 해당 정원기반 교실에 비치한다. Lifelab, Twigs나 다른 필요한 정원 과목 프로그램은 구입이 가능하다. 제9장 '연중 정원 수업과 활동'이나 뒷부분의 '관련 자료'에서 수업에 대한 아이디어와 유용한 과목에 대한 목록을 찾을 수 있다.

범위와 순서는 고학년으로 갈수록 복잡해지지만, 이처럼 광범위하게 영향을 미치는 과정은 정원과 지속적으로 연결될 수 있으며, 근처 다른 학교는 무엇을 하고 있는지 알아보는 것도 잊지 말아야 한다. 이미 정원 프로그램을 개발하는 과정을 거친 코디네이터로부터 조언이나 견해를 모으면 시간을 절약하고 귀중한 자원을 얻을 수 있다. 다른 학교에서 성공적으로 프로그램을 시작한 교사나 교장, 학부모들과 대화를 나누는 것도 도움이 된다. 많은 코디네이터들이 자기 고유의 수업 계획을 창조하였고, 기꺼이 이를 공유하려 할 것이다.

다음 페이지에 제시된 표는 2009년에 샌프란시스코의 공동체 학습 정원과 초등학교가 함께 만든 것인데, 정원 시간, 표준과 학습을 연계한 예를 보여 준다.

학과 교사들과 함께 일하기

학과 교사들은 한 학년 동안 무엇을 가르칠지에 대한 자세한 '범위와 순서'를 갖고 있다. 정원 코디네이터는 학기 초에 대상 학년의 모든 교사들을 만나 정원에서 어떤 과정을 언제 할 것인지를 알아야 한다. 교사들에게 정원 시간도 교육 시간이라는 점을 알게 하고, 어떤 과목과 연계하여 탐구할지에 대해 코디네이터와 함께 개발하자고 고무시키는 것이 중요하다. 정원 코디네이터는 학습 계획 책자를 사용하여 정원에서 무엇을 가르칠 것인지에 대한 계획과 기록을 해야 하며, 무슨 과목이 잘되고 안 되는지 기록하여 후일 참고해야 한다. 이러한 정보는 정기적으로 학과 교사들과 공유하면서 정원 과목으로 채택하거나 개선하라.

정원에서 무슨 과목과 표준을 가르쳤는지에 대한 기록을 하고, 활동을 설명하는 학습 계획서를 지속하면 학년 말 평가에 매우 도움이 될 것이다. 프로그램이 생기 있고 흥미가 있으려면 세세한 수정이 계속 뒤따라야 한다. 일 년치 내용 표준의 범위와 순서는 연장 오두막이나 교장실에 비치하여 새로운 정원 코디네이터가 활용할 수 있어야 한다.

정원과 교과목의 연결

주	주제	과학 표준	학습 계획
1	첫째 날: 정원 규칙과 연장		기대와 결과에 대한 토의: 정원과 서로에 대해 알게 한다.
2	퇴비와 재생	2.c. 죽은 식물과 동물에서 재활용품 분리 6.d. 예측 시험과 결론 도출 시험	• 퇴비 통과 흙의 분리물을 관찰한다. • 여러 가지 물건을 묻고 그것들이 분해되는지 시험한다.
3	심기와 계절	3.b. 어떤 특정한 환경에서 어떤 식물과 동물이 잘 살고, 잘 못 살고, 전혀 살 수 없는가?	도표를 참조하여 우리 환경에서 어떤 식물이 생존하고, 언제 심어야 하는지를 결정하고 그것을 심는다.
4	물에 관한 모든 것	5.c. 물 침식 지형을 치워 다른 곳에 둔다.	정원에 물을 뿌려 비가 오면 흙은 어찌 되는지, 뿌리 덮개가 침식과 배수에 어떤 영향을 주는지 조사한다.
5	씨앗과 발아	6.b.c. 길이 측정: 인과관계에 의한 예측과 평가를 한다.	씨앗을 심고 어떻게 자랄 것인지 예측하고 성장을 측정한다.
6	곤충과 동물	3.c. 식물은 수분과 종자 번식을 곤충과 동물에 의존하고, 동물은 식물로부터 음식과 보호막을 얻는다.	• 정원에서 수분을 관찰하고 기록한다. • 씨앗이 흩트려지는 여러 방법을 토론하고 가짜 씨앗을 만들어 본다.
7	토착식물과 가꾸기	(사회과학) 4.2.1. 캘리포니아 원주민들이 땅을 경작하며 어떻게 의존하고, 받아들이고, 수정했는지를 기술한다.	• 아메리칸 원주민의 식단에 대해 토론한다. • 우리 정원의 토착식물을 가려내고 경작한다.
8	정원의 에너지	2.a.b. 식물은 먹이사슬에서 최초의 에너지 원천이며, 먹이사슬 속에 생산자와 소비자가 연결되어 있다.	함께 먹이사슬을 만들고 우리 정원의 먹이사슬을 도표로 그린다.
9	정원 미술	비오는 날의 대체활동	재활용품과 정원 재료로 그림을 그린다.
10	음식의 원천	(사회과학) 4.1.2. 지도를 그리되, 남극과 북극, 적도, 본초자오선, 열대지방, 반구를 포함하고, 위치를 잡기 위해 좌표를 사용한다.	세계지도를 놓고 다양한 음식들의 원천이 어디인지 추적한다.
11	흙과 재배상 준비	5.b. 결빙과 해동, 뿌리의 성장 등 자연의 과정으로 인해 돌이 작게 부서진다.	뿌리와 물이 정원의 바위를 깨뜨리는 것, 재배상을 파고 흙 속의 돌을 부수는 것에 대해 조사한다.
12	마지막 날: 복습		작별 인사를 하고 이번 계절에 배운 것을 복습한다.

교과 범위를 넘어서: 자연현상을 위한 공간 만들기

정원 프로그램을 만들기 위해 적절한 교과목을 찾는 것이 중요하기는 하지만, 자연 공간에서는 두려움과 놀라움을 일으키는 전혀 예기치 않은 사건이 일어날 수 있음을 간과하지 말아야 한다. 정원은 학생들이 자신의 참 습관을 깨닫게 하는 놀라운 장소이며, 결국에는 이를 남들과 비교하고 조화시킨다. 학습 계획대로 지키려고 아무리 엄격하게 해도 실제로 어떤 일이 벌어지면(그리고 그것은 항상 일어난다) 우리의 주의를 끌지 않을 수 없다. 바로 우리 앞에서 주목할 만한 자연현상이 벌어지면 우리의 학습 계획은 옆길로 새게 된다. 정원에서 자연이 수업을 가로채는 그 순간을 움켜쥐어야 한다. 학생들은 학교 주변에서 도토리를 줍던 다람쥐를 매가 급강하하여 낚아채는 순간을 잊지 못할 것이기 때문이다.

어느 봄에 우리는 땅다람쥐가 조직적으로 브로콜리 밭을 지나는 것을 목격했다. 우리는 잎이 떨며 지탱력을 잃고 마치 마술처럼 땅속으로 사라지는 것을 보았다. 한참 뒤에 전쟁이 선포되었고, 나는 그 경외스러운 설치류를 잡았고, 5학년 아이들과 함께 굴속에서의 경이로운 적응력을 조사할 수 있었다. 땅다람쥐는 퇴화한 작은 눈, 땅을 파는 발톱, 앞과 위로 난 털 그리고 호스스러운 줄무늬의 뺨 주머니를 가지고 있었다. 많은 분들은 이런 탐사를 달가워하지 않겠지만, 아이들과 경쟁(땅다람쥐를 잡는 것은 상당한 지식이 요구된다), 적응, 자연의 선택 그리고 안전에 대해 이야기할 수 있는 좋은 계기가 되었다.

나는 정원에서 수업을 받은 아이는 자기만의 탐사를 좋아한다는 것을 안다. 우리가 니겔라나 금잔화 씨앗을 수확한 후에, 나는 아이들이 다른 꽃에서 자취를 감추었거나 자라나고 있는 씨앗을 채취하는 것을 보았다. 비록 정원에서 호기심 많은 아이들에게 꽃의 위용을 일부 잃을 수는 있지만, 나는 언제나 그들의 넘쳐 나는 호기심을 보는 것을 좋아한다. 당신이 그것을 알기 전에 아이들은 수업에 오면서 옆길에서 주운 징그러운 번데기나 소경거미 혹은 사마귀 알 상자를 가지고 올 것이다. – ABS

저널 쓰기

교사 평가에 의하면, 학생들은 끊임없이 자신들이 정원에서 좋아하는 활동에 대해 기록하는 것을 좋아한다. 그것은 글쓰기와 관찰력을 길러 주며, 누구든지 한 학년에 걸쳐 이룬 과정을 보고 감명받지 않을 수 없을 것이다. 저널은 종이 몇 장에 써서 스테이플러로 묶거나 문구점에서 산 비싼 공책을 활용할 수 있다. 표지는 두

저널을 쓰면서 사색하는 순간
Photo by Jean Moshofsky-Butler

저널을 발간하는 것은 학생들로 하여금 자신들이 관찰한 것을 분명히 표현하도록 도와준다.
1st grader, Alice Fong Yu Alternative School, San Francisco, California

학생들의 개별 과제

» 물 주기
» 잡초 뽑기
» 교정 쓰레기 줍기
» 정원 지도 그리기
» 해충 잡기
» 서식지 관찰하기
» 할당된 지역의 땅파기
» 그림 그리기
» 기록하기

꺼운 종이로 하여야 오래갈 수 있다. 정원에 오는 모든 아이들은 정원 이곳저곳을 답사한 자신만의 기록물을 가지고 있어야 한다. 그것들은 교실에 비치하였다가 정원 수업이 시작되기 전에 나누어 주고, 수업이 끝나면 돌려받는다.

야외 교실 관리

정원 코디네이터는 정원 관리에 관한 통솔권을 갖고 학급이 필요한 과제를 수행하고, 정원을 최고의 모습으로 유지하도록 지도해야 한다. 정원 코디네이터는 매년 1~2회의 위원회 작업일을 정하기 위해 정원위원회와도 함께 일하여 프로젝트를 지원하고 학생들의 능력 밖의 크고 복잡한 일, 즉 정문 설치나 울타리 보수, 배관 개선과 같은 일을 수행해야 하다. 정원 코디네이터는 모든 개량 사업에 대한 진행 목록을 가지고 있어야 정원이 순조롭고 효과적으로 유지될 수 있다.

효과적인 정원 코디네이터는 교사나 학부모들이 의미 있는 방법으로 참여하도록 정원 프로젝트를 리드한다. 가끔은 정원 코디네이터가 업무에 너무 뛰어나서 교사나 학부모들이 그들의 책무를 회피하려 하기도 한다. 한편 교사들이 이따금씩 정원에서 수업을 진행할 때, 학생들이 흥미를 갖도록 정원 코디네이터가 보조해 주는 것은 프로그램에서 아주 중요한 요소가 되며, 여러 사람의 업무상 부담에 균형을 맞춰 줄 것이다. 현실성이 가득 찬 정원 프로그램을 지지하는 것은 학교 참모, 학부모위원회 그리고 정원 코디네이터가 모두 같은 무게로 감내하는 것이다.

정원 코디네이터의 첫 번째 임무 중 하나는 정원에 오는 학급의 주간 스케줄을 개발하는 것이다. 다음의 표는 주간 스케줄의 한 예인데, 학년별 시간표와 함께 정원 교실의 편성표를 제시하였다.

처음으로 야외 교실로 학급을 데려오는 것은 '난폭 운전'이 될 수도 있다. 시작할 때면 학생들은 어떤 것에 의해서든지 산만해진다. 깔고 앉은 짚 의자를 긁고, 뿌리 덮개는 맨땅에 나뒹굴고, 손가락 끝에는 자연이 있다. 학생들은 흙덩어리나 연못가의 진흙, 교사나 다른 급우들에게 차가운 물을 뿌릴 호스를 만질 수 있는 기회에 자석처럼 이끌린다.

정원은 학생들이 흥분되는 공간이며, 우리는 야외 교실에서 정숙하고 절제된 행동을 위해 분투한다. 정원에서는 항상 흥분되고 예기치 않은 놀라운 일들이 일어난다.

주간 정원 스케줄

정원 스케줄	제1그룹	제2그룹	제3그룹	정원에서 점심을!
월요일 2학년	1:15~2:00 203호	2:00~2:45 202호	2:45~3:30 201호	3학년 12:15~1:00
화요일 3학년	1:00~1:45 306호	1:45~2:30 307호	2:30~3:15 207호	1학년 12:10~1:00
수요일 유치원	1:15~1:45 101호	1:45~2:15 104호	2:15~2:45 103호	4~5학년 12:00~12:40
목요일 1학년	1:15~1:55 105호	1:55~2:35 206호	2:35~3:15 102호	2학년 12:10~1:00
금요일 4~5학년	1:15~2:00 301호, 305호		2:45~3:30 302호, 303호	중학생 12:10~12:40

하지만 학생들은 정원 프로그램과 친숙해지면 자신들의 행동을 재빠르게 제어한다. 학급을 더 순조롭고 효과적으로 이끌 수 있는 몇 가지 전략이 있다.

학급을 둘로 나누기

학생 10명이 20명보다는 항상 쉽다. 따라서 가능하면 언제나 학급을 A 그룹과 B 그룹으로 나눈다. 만일 다른 어른이 도와줄 수 있다면, 그에게 한 그룹을 맡겨라. 한 그룹이 뿌리 조직과 물 흡수에 대해 배울 때, 다른 그룹은 딸기밭의 잡초를 뽑거나 달팽이를 찾는다. 벨이나 호각으로 교대할 시간임을 알린다. 작업 목록을 준비하여 많은 지시나 지도 없이도 정원 학습 시간에 학급 전체를 반으로 나눠 손쉽게 지도할 수 있어야 한다.

많은 정원에 '땅파기 웅덩이'가 있는데, 이것은 오직 땅파기를 위한 지역, 밭 또는 상자로서 그 안에는 아무것도 심지 않아 아이들이 멋대로 팔 수 있고, 갓 심은 씨앗이나 모종을 해칠 염려도 없다. 이처럼 매력적인 아이디어는 다른 그룹이 교사나 정원 코디네이터의 강의에 열중할 때, 나머지 그룹은 땅파기를 함으로써 집중하도록 해 준다. 아동들은 땅파기를 좋아하며, 특히 어린아이들은 구멍을 파는 것에서 큰 즐거움을 느낀다. 어떤 웅덩이는 화석이나 재미있는 바위, 보석 등을 숨겨 놓아 찾는 즐거움을 더해 준다. 수업 끝 무렵에 구멍을 매우게 하여 다음 학급이 사용할 수 있게 하는 것은 쉬운 일이지만, '내 구멍에 손대지 말 것! 다음 시간에 와서 완성할 것임'이라는 학생들의 경고를 무시하기는 어렵다.

학부모 자원봉사자 모집하기

당신이 정원 코디네이터건 교사건 간에 정원에 당신 이외의 다른 어른이 있다면 큰 도움이 된다. 학부모는 종종 교실에서 교사를 보조하는데, 정원에서는 안 된단 말인가? 학부모 회의 때 정원 수업 스케줄을 홍보하라. 그리고 잠재적인 자원봉사자 명단을 확보하고 그들에게 스케줄 표를 줘라. 간혹 어떤 부모는 특정한 날에 여러 시간 동안 당신을 보조하여 수업 진행을 도와줄 것이다. 전형적으로 야외 교실 자원봉사를 수락한 부모는 정원에 정통한 사람들이다. 따라서 그들의 전문성을 최대한 살려라. 정원 코디네이터로서 새로 들어오는 유치원 학부모에게 손을 뻗쳐 그들을 정원 자원봉사자로 모집하라. 어린 학생들은 별도의 지도가 필요하며, 그들의 부모는 쉽게 도와줄 마음이 생기고 새 학교에 대해 알아가게 된다.

공동체에서 정원 프로그램 육성하기

학교정원은 흥분의 도가니가 될 것이다. 저녁 식사 시간에 "오늘은 학교에서 무엇을 했니?"라는 통상적인 질문에 마지못해 답해야 하는 학생들은 항상 정원 수업에 대해 재미있는 이야깃거리가 있을 것이다. 예를 들면, "우리는 올리브 오일에 마늘을 곁들인 어린 근대 볶음요리를 먹었어요." 또는 "우리는 어린 찌르레기가 연못에 빠지는 것을 보았어요." 아니면, "우리는 달팽이를 잡아서 숨구멍을 관찰했어요." 혹은 "우리는 해바라기에 달려든 곤충 수를 세었어요."라고 말할 것이다.

이렇게 학생들이 집으로 가져갈 수 있는 이야깃거리 이외에, 학부모에게 정원에서 무슨 일이 일어나는지 직접 알려 주는 것은 매우 중요하다. 많은 학교가 월간 신

L   정원에서 그림 그리기
Photo by Ayesha Ercelawn

R   정원 연못에서의 흙놀이

문이나 회보를 발간하는데, 정원에 관한 기사를 지속적으로 부모에게 알려 주어 흥미를 유지하게 한다. 주간 안내문에 계절 채소로 요리하는 조리법을 실을 수도 있다. 학교 복도에 위치한 게시판에 사진을 붙이고, 간행물 제목과 정원에서의 배움을 반영하는 학생 그림을 게시하는 것에 전념하라. 소재를 신선하게 하고 고무시키면 계속해서 학부모들의 지지를 받을 것이다.

학교정원은 수업일과 결합할 기회가 많이 있다. 현재의 프로그램을 잘 보고 결합할 방법을 찾을 것을 권한다. 정원에서 그림을 그리면 자연이 학생이나 교사에게 많은 영감의 원천을 제공하는 것을 알 수 있다. 벽화나 세라믹 프로젝트 같은 멋진 미술 프로젝트는 학교정원 경험으로부터 나오며, 특정한 식물이나 꽃에 관한 시도 자연스럽게 떠오르게 한다. 당신의 학교는 과학 전시회가 있는가? 음악 프로그램은 어떤가? 학생들이 도서관 책을 정원으로 가져와서 읽을 수 있는가? 도서관에 정원 관련 책을 늘리기 위해 도서 둘러보기를 할 수 있는가? 그들이 정원을 이용하는 것을 좋아할 것인가?

중학생들은 정원에서 사회봉사를 이수할 수 있는데, 특히 정원이 잘 조성되었을

학교 신문에 기사 쓰기

정원 노트

　따뜻하고 건조한 날씨는 봄의 감동을 불러왔다. 우리의 금잔화와 한련화가 피었고, 괭이밥 속이 싹트고, 흙은 말라 갔다. 이 시기에 물 주기는 좀 이상했지만 비가 비정기적으로 와서 물 주기를 해야 했다. 희망적인 것은, 건기가 오기 전에 비가 좀 올 것 같다는 것이다.

　정원에는 새롭고 긍정적인 변화가 있었는데, 바로 땅파기 웅덩이 옆의 먹는 샘물이다. 샘물은 마술과 같은 작용을 했고, 부드럽고 꿀꺽꿀꺽 마실 수 있게 흘렀다. 우리의 마지막 샘물은 소방 호스 정도의 강도로 흘러, 편도선에 타박상을 주거나 얼굴을 씻겨 낼 정도였다. 만일 어린아이가 더러운 손으로 그것을 돌리면, 모래가 그 속에 박혀서 며칠 동안은 똑똑 떨어지곤 했다. 우리에게 새로운 것을 만들어 준 그렉 케네디에게 감사한다. 그것은 위대한 향상이었다.

　또 다른 변화는 이제는 정원이 점심시간에 개방되어 아이들이 열광적으로 이용한다는 것이다. 아이들은 점심을 들고 사만다를 따라 줄지어 와서, 햇볕 아래 밀짚이나 여기저기 앉아 점심을 먹었다. 사만다는 그들이 어디서 무엇을 찾을 수 있는지, 그것들을 어떻게 치워야 하는지 등 정원에 대한 지식이 많은 것에 감명을 받았다. 가장 인기가 있는 곳은 물론 땅파기 웅덩이인데, 이곳이 이집트 피라미드가 되고, 샌프란시스코가 되고, 홍수 전(그리고 후)의 도시, 강둑, 깊은 계곡, 터널 등 일주일 내내 다른 것이 되었다. 리아나 덕분에 그 웅덩이를 조성할 수 있는 기금을 구할 수 있었다.

　어제는 2학년이 수학과 지리 실력으로 나를 감동시켰다. 그들은 작은 플라스틱 자로 각각의 정원 재배상의 경계선을 계산하고 있었다. 나는 그들이 가진 모든 자가 한 자의 길이였고, 인치 단위로 재는 것보다는 한 자 단위로 재는 것이 더 쉽다는 것을 모른다는 사실에 놀랐다. 대신 그들은 12인치를 모두 500인치로 계산했다. 얼마나 영리한 아이들인가!

　양배추가 먹을 수 있게 자라서, 이제 양배추 샐러드를 만들어야겠다고 생각했다. 양배추는 머리를 잘 내밀고 있었고, 무는 붉고 둥글게 자라서 부드러운 아이들의 입으로 들어갈 준비가 되었다. 꼬투리째 먹는 완두콩은 다 졌는데, 오직 인내심이 많은 아이들만 여전히 찾고 있다. 당근은 위가 크고 깃털 같으며, 케일은 요리할 준비가 되었다. 무엇보다도 잠두는 굵고 튼튼해서 이른 봄 수확을 약속한다. 학생들은 모두 그것들을 한 번 벗기고, 두 번(콩깍지와 씨껍질) 벗기고, 그런 다음에는 버터에 맛있게 요리할 줄 안다.

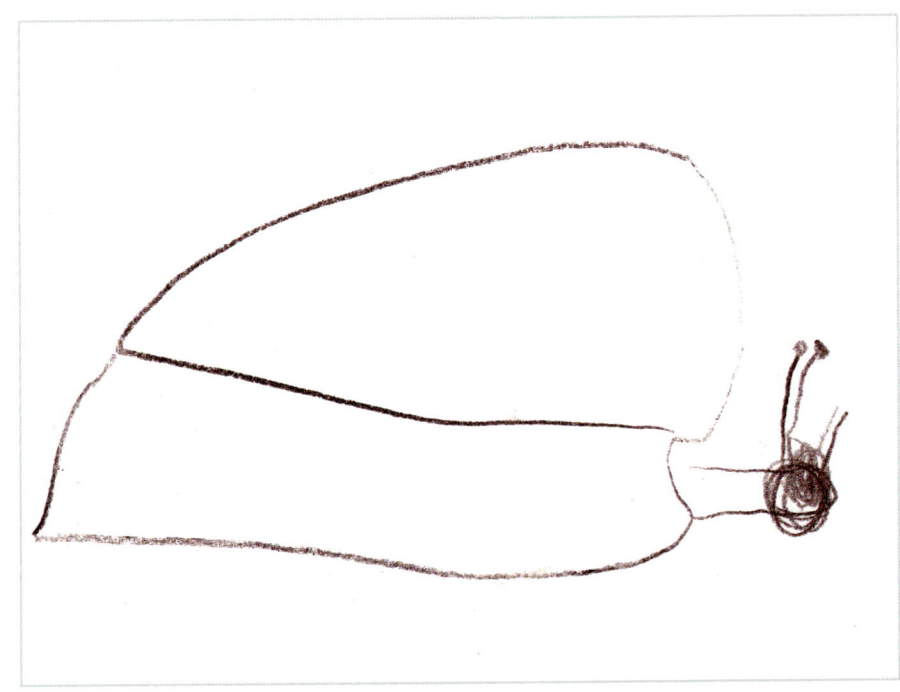

정원 프로그램 활성화하기

» 월간 소식지 발간하기
» 정원 식물을 재료로 하는 레시피 만들기
» 주간 활동 사항을 가정통신문으로 보내기
» 지역신문이나 방송국과 인터뷰하기
» 중앙 게시판에 학생들의 작품과 사진 게시하기
» 가든파티 개최하기

학교 안내 게시판에 붙어 있는 학생의 그림이 매력적이다.
Keana, pre-K, Tule Elk Park Child Development Center, San Francisco, California. Photo by Ayesha Ercelawn

때나 그들이 초등학교 시절에 이용했다면 더욱 그렇다. 정원의 다른 자연 적응 방법은 요리 수업, 영양 교육 그리고 점심시간이다. 학생들은 정원이 집에서 가져온 점심이건 학교 급식이건 간에 소란스러움 없이 먹고 쉴 수 있는 곳이라는 것을 알게 된다. 머지않아 정원은 학교 수업일의 다양한 면모 속으로 통합되어 진정으로 사랑받고 충분히 지원받는 학교의 일부분이 될 것이다.

다음 단계로 나아가기

학교정원은 지역과 시도, 국가, 지구의 더 큰 생태학과 생태계로의 도약대다. 학생들이 학교정원을 지탱하는 자연계를 인식하게 되면, 그들은 점차 큰 규모로 그것들을 구분할 수 있을 것이다. 인근 공원, 트인 공간, 자연사 박물관 등은 학교정원의 이론적 맹방이다. 우리는 특히 4~5학년 학생들이 학교 너머로 현장 답사를 통해 경험을 넓히려는 것을 알고 있다. 학교정원의 작은 연못은 더 크고 복잡한 도시 호수를 공부하기 위한 놀이터가 된다. 식품을 기르는 학교정원은 지역 농장 견학을 유도한다.

L 교사들이 질소 고정 뿌리혹을 검사하고 있다. Photo by Paige Green

R 지역 전문가가 정원 프로그램을 확장시킬 수 있다.

식물원은 학교정원에서 얻은 지식을 증폭시켜 준다. 이것이 비현실적이라면, 과학자들이 학교정원에 방문해서 기꺼이 학생들에게 설명해 줄 것이다.

전문가적 발전

교사와 정원 코디네이터, 학부모들은 진행 중인 전문가 발전 과정이나 정원 관련 연수 과정에 고무될 것이다. 지역 대학교나 지역 전문대학 혹은 공동체 정원협회 같은 곳에 정원이나 환경교육반이 있는지 알아보라. 교사들은 학교 일과가 끝날 때면 피곤하지만 저녁식사가 제공되는 저녁 연수에는 유혹된다. 여름은 정원기반 전문가가 발전하기에 아주 좋은 시기이므로 교사들이 적절하고 효과적인 연수를 받도록 해 주는 것은 많은 도움이 될 것이다.

야외 교실에서의 프레젠테이션

》 양봉가
》 조류 생물학자
》 연못 생태학자
》 곤충학자
》 영양물 섭취 전문가
》 지역 동물원 운영자
》 낙농업자
》 양계업자
》 채소 재배자
》 토종벌 전문가

달리아 Photo by Stephanie Ma

프로그램 평가

한 해가 저물면서 지난 일 년간의 프로그램을 유의미하게 평가하는 것은 야외 교실에서 무엇을 하고, 하지 말아야 하는지를 정립하는 데 많은 도움이 된다. 프로그램에 참여한 모든 교사들에게 잘 정리된 평가서를 채워 줄 것을 부탁하라. 단순히 '예' 나 '아니요'로 답할 수 없는 질문을 만들라. 만일 교사들이 평가서를 채울 시간을 내지 못하면, 그들과 함께 지난 일 년간의 보고를 들을 시간을 마련하라. 모든 시간에 대한 평가는 매우 귀중한 것으로 당신의 프로그램의 지침이 되어 해마다 개선되고 교육과정에 꼼꼼히 반영될 것이다.

당신의 프로젝트는 더 이상 단순한 정원이 아니라, 진정한 정원 프로그램이다. 그것은 교과과정에, 공동체의 지원에, 학교 간부들의 환호에 기초를 두고 있으며, 자연을 발견하고 관계를 깊게 하려는 학생들의 전염성에 근거하고 있다. 학교정원을 발전시키는 방법은 많다. 공동체 내에서 어떻게 전진하며, 정원 프로젝트를 성공적으로 만들 것인가에 대한 최상의 판단은 당신의 몫이다.

연말 평가서

선생님들께

우리 학생들을 위해 풍부한 경험으로 올해의 정원 프로그램을 꾸며 주신 것에 감사 드립니다. 야외 교실에서 우리가 하는 것을 계속해서 개선하기 위하여, 다음의 몇 가지 질문에 답해 주시기 바랍니다.

1. 올해 어떤 과목이 특별히 효과가 있었습니까?

2. 어떤 과목이 쓸모가 없었으며, 왜 그러한가요?

3. 내년에 학급 전용 밭을 갖기를 원하십니까?

4. 정원 시간에 다루고 싶은 주제가 있습니까?

5. 정원 교실에서 어떤 모습을 더 보고 싶은가요? 저널 쓰기? 자유로운 탐색? 그리기? 미술?
   그 밖에 무엇이 있나요?

6. 정원 프로그램을 개선할 만한 좋은 의견이 있으십니까?

올해 참여해 주신 것과 정원 수업과 활동을 주의 깊게 반영해 주는 시간을 내 주신 데 대해 다시 한 번 감사 드립니다.

— 정원위원회

6 건강한 야외 교실

야외 교실에서 몇 가지 무척 즐거운 일은 예기치 않은 생명체가 새로운 서식지로 모여드는 것이다. 벌새나 나무 개구리와 공간을 공유하는 즐거움일 수도 있고, 달팽이나 집게벌레를 더 많이 사랑하는 것일 수도 있지만, 우리는 그것들이 그곳에 있어도 되는지에 대한 판단의 폭을 넓혀야 한다. 학교정원에는 살충제나 독한 화학약품은 절대로 사용해서는 안 된다.

우리는 학생들을 건강에 해로운 제품으로부터 보호하고, 지속적인 경작과 정원 가꾸기 과정의 모형을 만들기 위하여 유기물적 재료를 사용해야 한다. 우리는 생물체들이 학교정원에서 조화를 이루도록 애쓴다. 그것들이 제어가 안 되거나 해충이 우위를 점하고 있으면, 우리는 이를 생태학적 균형에 대한 개념을 가르치는 데 이용하거나 학생들과 어떻게 그 문제를 해결할 것인지 전략을 짠다. 당신은 2학년 학생들이 거위가 브로콜리 밭에서 달팽이와 민달팽이를 뽑아내듯 문제 해결에 숙달될 수 있다는 것을 알게 될 것이다.

학교정원은 완벽하게 손질될 필요는 없다는 점을 상기하라. 왜냐하면, 그곳은 아동 친화적인 미학으로 어느 정도 지저분한 것이 기대되며, 실제로 그렇게 하는 것이 필요하기 때문이다. 전형적으로 근대는 잎 채굴자가 있고, 브로콜리는 훔쳐 먹는 자벌레 구멍이 있으며, 찌르레기는 갓 심은 완두콩 밭을 순찰하며 씨앗을 노린다. 정원이 불완전하다거나 공격받기 쉽다고 안달하지 말고, 정원에 있는 작물들과 상호작용하도록 서로 다른 동물들을 초대했다는 사실에 즐거워하라.

학교정원은 유기농이다.

L 너 이거 알았니?
Stephen, 2nd, grade, Tule Elk Park Child Development Center, San Francisco, California.
Photo by Ayesha Ercelawn

R 달팽이와 민달팽이 찾고 조사하기
Photo by Stephanie Ma

우리 학교정원에는 '으깨지 않기' 정책이 있는데, 학생들은 작은 벌레에 익숙하지도 않고, 감사나 애정도 없었다. 우리는 수년간 달팽이에 대해 공부했고, 그들의 양성 구조, 숨 쉬는 구멍, 샌드페이퍼 같은 혀 그리고 어떻게 은색 점액질을 따라 움직일 수 있는지를 공부했다.

애초에는 집게벌레가 너무 두려웠다. 그 집게로 둥지 틀 귓구멍을 찾아내는 명성(사실은 그렇지 않다)을 모르는가? 그러나 봄에 둥지에서 새끼를 돌보고 있는 암컷 집게벌레가 발견된 후에 집게는 그리 놀라운 것이 못되었다. 학생들이 우리 정원에서 흥미로운 작은 벌레들과 친숙해지면서 아이들은 더 이상 그것들을 죽이려 하지 않았다.

달팽이와 민달팽이는 학교정원에서 금방 문제로 떠오르기 쉽다. '으깨지 않기' 정책은 매 학급이 끝나면 달팽이로 채워지는 양동이와 상충되었다(아이들을 이웃의 뒤뜰이나 공원으로 가게 두는 것은 옳은 것 같지 않았다). 그러나 나는 곧 어떤 가정은 뒤뜰에 닭이 있다는 것을 알았고, 매주 그들에게 달팽이가 가득한 양동이를 보내 주면 달걀을 몇 줄씩 얻을 수 있었다.

— ABS

흙의 건강: 정원 흙 준비

유기적인 정원 가꾸기란 흙을 풍부하게 하는 것에 관한 모든 것이다. 결국 흙은 식물을 잘 자라게 하고, 식물은 즐겁고 건강하게 지탱해 주는 것으로 보답한다. 좋은 흙은 정원에서 만물이 존재하는 근원이다. 건강한 흙은 좋은 냄새와 약간의 수분을 가지며, 그곳에 심은 작물이 튼튼한 줄기와 잎, 꽃과 뿌리로 자라게 한다. 우리의 경험으로 고품질의 혼합비료를 적절히 주고 멀칭을 해 주면, 좋은 흙의 요건에서 큰 역할을 담당하는 미생물을 양육하기 편리하고 쉽다. 이 일은 학생들이 할 수 있는 지속적인 정원 작업인 것이다.

정원 흙은 대부분 광물(산에서 부서져 내린)과 유기물질로 만들어진다. 유기물이란 한때 살아 있었던 모든 것들이다. 즉, 잎, 가지, 동물 등이다. 유기물은 정원의 흙 속에 살고 있는 상상할 수도 없이 작은 유기체, 곤충, 지렁이 등을 먹여 살린다. 받아들이기 싫겠지만 이 작은 생명들은 정원사의 가장 좋은 친구다. 그것들은 아름답지도, 매력적이지도 않지만, 믿을 수 없을 만큼 쓸모 있고, 흙 속에 있는 모든 것(아마도 플라스틱은 제외하고)을 먹고 소화하고 배출(부패)함으로써 우리에게 놀라운 혜택을 준다.

유기농 정원사로서 우리의 업무는 이 작은 동료들을 먹여서 그들이 최고의 능력으로 자신들의 일을 하도록 하는 것이다. 그것은 그들이 먹고 배설하고 번식하고, 흙 속에 아주 작은 굴을 만들 수 있게 가능한 한 모든 일을 다 하는 것이다. 이 작은 생명체의 활동이 좋은 흙 조직을 만들며, 이것을 두고 흙이 한데 어우러진다고 한다. 좋은 흙 조직은 부서지기 쉬운데, 만일 아주 가까이서 흙을 관찰해 보면 그 속으로 관통하는 아주 작은 터널(우리 생물체 친구들이 만든)을 볼 수 있을 것이다. 그것은 물을 잠시 품었다가 뱉는다. 그리고 그곳은 뿌리에게 이상적인 장소로서, 말하자면 토마토가 살기 좋은 곳이다. 흙을 건강하게 유지하는 기본적인 규칙은 다음과 같다.

- 흙이 젖었을 때는 파지 않는다.
- 일 년에 두 번씩 퇴비나 잘 썩은 두엄 같은 유기물을 흙에 더한다.
- 흙 속에 있는 미생물이나 육안으로 보이는 생물체에 영양분을 주기 위한 모든 일을 다 한다. 이것은 결코 흙이 완전히 마르게 하지 않으며, 햇빛에 직접적으로 과도하게 노출되지 않도록 하는 것을 말한다. 매년 몇 차례 멀칭을 하는 것도 좋다.
- 좋은 흙을 뿌렸다면 뒤집어 파지 않는다. 유기비료를 주거나 뿌리 덮개를 덮어 주는 것은 작은 일이지만, 그 생명체가 흙을 최상으로 만드는 데는 더없이 훌

두 몸뚱이는 합쳐지지 않는다

우연히 삽으로 지렁이를 두 동강 낸 적이 있는가? 안 된다. 그 둘은 절대로 함께 살지 못할 것이다. 머리 쪽 반은 살 수 있을지 몰라도 나머지 반은 살지 못할 것이다. 만일 흙에서 지렁이를 발견하면 그것이 더 이상 몸을 돌릴 필요가 없는 지점으로 흙을 보듬어 주어라. 삽으로 흙을 잘게 부수면 서식지를 파괴하고 흙 구조를 세밀하게 하여, 생명체가 사는 곳을 아수라장으로 만드는 것이다.

륭한 일이다.

지피작물

만일 시간이 있고 흙을 비옥하게 하고 싶다면, 콩이나 완두, 라이그래스와 같은 지피작물을 심으면, 흙이 비옥하고 경작성이 좋아진다. 콩류의 지피작물(완두나 콩)은 질소 고정체인데, 이것은 공기 중에서 자연히 질소를 흡수하여 뿌리의 작은 혹에 잡아 둔다. 따라서 작물이 죽거나 흙 속에 묻으면 질소가 방출된다. 질소는 식물이 자라는 데 필수적인 원소로서 채소밭에는 언제나 반드시 필요하다.

지피작물을 심으려면 학생들은 그 일대에 씨를 뿌리고 가끔 물을 줘야 한다. 작물이 자라면 잘게 나눠서 흙 속에 가볍게 묻어야 한다. 학생들은 손이나 가위로 잘게 나눌 수 있다. 우리는 이 과정을 '흙을 먹이기 위한 과정'이라고 표현하기를 좋아한다.

건조한 서부 기후에서 학년 말 무렵이나 가혹한 겨울 직전에 학생들과 이 활동을 하는 것은 굉장한 일이다. 6월에 우리는 식물을 흙 높이에서 자르고 쪼개어 흙 위에 멀칭 재료처럼 깔아 준다. 이렇게 하면 여름 동안 심은 것들이 말라서 부패하며, 뿌리가 죽고 부패하면서 질소를 방출한다. 9월이 되면 흙은 쉬어서 일할 준비가 된 것처럼 보인다. 벌레와 지렁이가 가득하고, 가을 작물이 싹트고 활기 있게 자란다.

퇴비

퇴비는 모든 정원 흙을 생명과 활기로 떠들썩하게 만드는 마술과 같은 비밀의 성분이다. 그것은 흙 속 생명체에게 아침식사이자 점심식사요, 저녁거리다. 그것은 경작성 있는 흙을 제공하는 유기 생명체다. 모든 학교마다 몇 가지 퇴비 수단이 있다. 즉, 학교 점심 쓰레기를 지렁이 퇴비 통에 담거나 정원 가지치기한 것들을 통에 담으며 필요한 만큼 충분히 만들 수 없다면, 외부에서 질 좋은 유기비료를 구해도 될 것이다. 우리의 경험으로는 유기비료가 충분한 때는 없었다.

학교정원은 유기비료 시스템이 없으면 태만해지기 쉬운데, 그것은 몇 개 학년에서는 부패가 과학 과목의 큰 부분을 차지하기 때문이다. 어떤 시스템이 가장 학교정원 시스템에 적합할지를 결정하는 데 도움을 줄 만한 자료가 있다. 더 많은 퇴비 관련 정보를 원한다면 '관련 자료'를 참고하라.

콩과 식물로서 잠두콩은 흙 속에 질소를 불어넣는 뛰어난 지피작물이다.

샌프란시스코 시는 매우 적극적으로 주민 유기비료 프로그램을 운영하는데, 각각의 가정마다 음식 찌꺼기나 정원 폐기물로 유기비료를 만드는 통을 갖고 있다. 가정이나 학교에서 수집한 것들을 센트럴 계곡으로 운반해 놓으면, 그곳 거대한 제방에서 유기비료로 만들어진다.

학교도 잘 구축된 점심 유기비료 시스템을 갖추고 있으며, 학교정원에 필요한 많은 양의 유기비료를 얻고 있다.

지렁이로 퇴비 만들기

지렁이로 퇴비 만들기는 보다 집중적으로 세 칸의 저장통 퇴비를 만드는 시스템으로, 학교에서 사계절 내내 만들 수 있다. 붉은 지렁이가 흔히 사용되는데, 흙에서 쉽게 찾을 수 있는 지렁이와는 다르다. 붉은 지렁이는 과일 껍질, 커피 찌꺼기, 녹차 봉지, 채소, 으깬 달걀 껍질, 잔디 자른 것, 신문 등을 먹는다. 뼈나 유제품, 고기, 빵 등은 해충이 꼬인다. 감귤 껍질과 같은 성분은 오직 예비적으로만 넣고 마늘이나 양파 같은 강한 음식은 피한다. pH를 잘 맞춰야 하는데, 감귤은 흙의 환경을 강한 산성으로 만든다. 음식은 지렁이의 소화기관을 거쳐 배설되며, 유기질과 영양분이 풍부하다.

학교 점심식사 음식 찌꺼기는 대규모로 잘 만든 지렁이 퇴비 시스템으로 재활용할 수 있다. 또는 작은 지렁이 통으로도 점심시간에 학생들이 버리는 적은 양도 재활용할 수 있다. 퇴비 통은 뚜껑이 있는 나무 상자나 구멍 난 고무 통과 같은 다양한 재료를 이용해 만들 수 있다. 만일 여분의 자금이 있다면 구입할 수도 있다. 지렁이는 침상이 필요한데, 여러 학생들의 손을 거쳐 갈기갈기 찢어진 신문지라면 완벽하다. 섬유질이 많은 재료, 예를 들면 쌀겨나 짚 등은 통풍 효과가 있어 지렁이가 숨 쉴 공간을 만들어 준다.

음식 찌꺼기가 완전히 분해되면 흙처럼 보고, 느끼고, 냄새를 맡을 수 있는 실체가 된다. 지렁이 상자 속의 모든 지렁이 배설물을 수거하고 쓸어 낸 곳에 새 음식을 준다. 지렁이는 어쩔 수 없이 신선한 찌꺼기 쪽으로 움직이므로, 이때 남은 배설물을 모두 수거할 수 있다. 어떤 지렁이들은 금방 잘 움직이려 하지 않으므로 배설물을 꺼내야 하는데, 학생들은 이 일을 좋아한다.

대부분의 학생들은 지렁이를 좋아한다. 일부는 처음에는 지렁이 통에 거부감을 보이지만, 시간이 지나면 통에 먹이를 주고 지렁이를 손으로 만질 것이다. 지렁이

L 지렁이에게 줄 음식 찌꺼기

R 지렁이로 퇴비를 만드는 통은 작게 할 수도 있고, 크게 할 수도 있다.

로 퇴비 만들기 활동은 관련 과목이 아주 많다. 돋보기를 가지고 지렁이 해부학을 탐구하고, 덜 된 유기비료를 한 줌 쥐고 학생들에게 얼마나 많은 분해물질을 찾았는지 분류하고 기록하게 하고, 지렁이가 귤껍질이나 플라스틱 스푼 같은 특정한 것을 먹는지 관찰하게 하라. 학교정원에서 지렁이로 퇴비 만들기 시스템을 성공적으로 하는 데 도움을 줄 자료를 찾는다면, '관련 자료'를 참고하라.

두엄

두엄(거름)은 흙에 유기물을 제공하는 뛰어난 자원이다. 두엄은 사용하기 전에 잘 부패했는지, 시간이 많이 지났는지를 확인해야 한다. 그렇지 않으면 그것이 식물을 태울 수도 있다.

두엄으로는 말똥이 최고이며, 그 다음으로 토끼, 소, 마지막으로 가금류의 것이 좋다. 샌프란시스코에서는 말똥을 가장 선호하는데, 이유는 편리하기 때문이다. 즉, 도시 공원에 마구간이 있어 말똥을 큰 덩어리로 준비해 두면, 우리가 하는 일이라곤 그저 가서 가져오기만 하는 것이다. 소똥 또한 좋은데, 어떤 동물이건 산 가축으로부터 분뇨를 채취할 때는 항생제가 묻지 않도록 주의해야 한다. 오래된 토끼 분뇨는 작은 덩어리로 묶을 수 있고, 닭똥은 질소 함량이 높아서 조금만 써도 오래

간다. 닭똥은 흙의 조직에는 별 도움이 되지 않지만, 질소를 많이 필요로 하는 채소에는 좋다. 학생들은 분뇨에 대해 끝없이 재잘거릴 것이므로 미리 각오해 두어야 한다. 오래된 것일수록 더 안전하며, 똥같이 생기지 않은 것이 냄새는 더 난다. 운반하거나 다룰 때는 학생들로 하여금 나중에 반드시 손을 씻도록 한다.

멀 칭

캘리포니아나 서남부 지역처럼 건조한 흙에 물을 품게 하는 것은 언제나 도전이다. 식물 재배상 위 몇 센티미터 정도에 멀칭을 해 주면 수분을 유지하고 뿌리가 말라 버리는 것을 막을 수 있다. 멀칭은 흙 위를 무엇으로든지 덮어 주는 것이다. 감자같이나 나뭇가지, 짚 또는 그 밖의 무엇으로든지 밑에 있는 흙과 그 위에 경계층을 만들어 주는 것이다. 나무를 가꾸는 회사는 종종 아주 많은 양의 나무토막을 제공할 것이다. 통상 그들은 지역 운반 업체에 돈을 주고 쳐낸 나뭇가지를 처리해야 하기 때문에 학교정원에 기부하는 것을 매우 기뻐할 것이다. 깨끗한 나무토막을 요구하라. 그렇지 않으면 플라스틱이나 쓰레기와 쉽게 섞일 수 있기 때문이다. 그 속에 나중에 문제를 일으킬 수 있는 담쟁이덩굴이나 다른 침해성 또는 독성 식물이 없어야 한다. 소나무 토막은 아주 좋을 것이다. 멀칭 재료를 끌어당기고 펴는 것은 유치원생부터 학생 누구나 할 수 있다. 그 일은 재미있고, 학생들은 그 일을 즐길 것이다.

흙의 소생

도시 학교정원은 이전에 대개 아스팔트로 덮여 있었다. 아스팔트나 시멘트처럼 물이 스며들지 않는 표면 밑에 있던 흙은 상당히 소생시킬 필요가 있다. 모든 생물학적 활동이 멈추었더라도, 약간의 도움으로 생명의 길로 되돌릴 수 있다. 흙을 심폐 소생시킬 수 있는 몇 가지 방법을 소개한다.

충분한 여유 시간—6개월 내지 일 년—이 있다면 종이 멀칭은 생명이 없던 흙에 좋은 처방이 될 수 있다. 두꺼운 종이를 펴거나 몇 겹의 신문지(잡초를 누르기 위함)로 흙을 덮고, 유기비료를 한 겹 입히고, 멀칭 재료를 한 겹 덮고, 물을 주고, 한 계절 동안 내버려 두면, 흙 속에서 미생물 작용이 시작될 것이다. 이때 주위에 수분이 있어야 종이나 신문을 부술 수 있음을 잊지 마라. 종이 멀칭은 흙 속 미생물의 안식처가 되고, 그들에게 영양이 풍부한 음식을 먹여 주며, 우아한 집(멀칭)에서 살게 해 주는 것이 될 것이다. 이것이 '집(멀칭)을 지으면 되돌아올 경우'이며, 그들의

이 흙은 소생이 필요하다.

수가 몇 곱절이 되고, 마치 마술처럼 비옥한 흙 속에 생명의 호흡을 가져다주는 것을 지켜보라. 우리는 예전에 주차장이나 아스팔트 정원 또는 지금은 사용하지 않는 놀이터가 있던 학교정원에서 멀칭이 제 기능을 다하는 것을 보아 왔다.

흔히 프로젝트를 빠르게 하기 위해 아스팔트를 제거한 후에 제조된 겉흙을 쓰기도 한다. 오랫동안 잘 관리하면, 이곳에는 미생물이 끓어오르기 시작할 것이다. 흙은 관대하므로, 조금만 소생할 수 있도록 만들어 주면 풍부하고 기름지며 생산성이 높아진다.

한 교정에서 아스팔트의 한 부분을 제거하고 있었다. 먼저 톱이 아스팔트를 자르고 다음에 착암기가 깨기 시작했다. 다음에는 작은 굴삭기가 검은 표면을 긁어내고 자갈층을 걷어 냈다. 기계들이 떠난 후에 학생들이 그 구덩이 주위로 모여들었다. "흙이다!" 그들은 소리쳤다. "흙이 아스팔트 밑에 있다!" 이것은 작은 깨달음이었다. 우리는 흙에 대하여 충분히 생각하지 못한다.
- ABS

L 살아 있고 영양이 풍부한 흙은 식물이 성장하는 과정에서 분명히 드러난다. Photo by Stephanie Ma

R 학생들이 다른 종류의 흙을 가지고 배수 성질을 탐색하고 있다.

오염 가능성 조사

학교정원의 흙이 납이나 다른 독소에 오염되어 있다면 흙 샘플을 시험원에 보내 분석하라. 이것은 상대적으로 비용이 많이 들지 않으며 모든 사람들을 안심시킨다. '관련 자료'에 있는 몇몇 시험원이 이러한 역할을 해 준다. 가끔은 학교정원이 다른 곳에서 가져온 흙으로 채워지게 된다. 따라서 그 흙이 건강하지 않다는 의심이 들면, 최선의 방법은 그것을 분석하는 것이다. 만약 시험 결과상 오염 가능성에서 양성 판정이 나면 취할 수 있는 몇 가지 선택이 있다. 책임감 있게 치료하려면, 오염된 흙을 적절한 위험물 폐기 업체에 버릴 수 있으나 비용이 많이 든다. 그렇지 않으면, 오염된

4학년과 함께하는 라자냐 농법

흙을 파지 않고 흙 상단에 밭을 꾸미는 것을 일부에서는 '라자냐 농법'이라 부르는데, 밭을 구성하는 재료에 관해 언급하는 것이다. 다른 이들은 이를 '무경간농법'이라 부른다. 이름이야 뭐라 부르던, 이것은 거의 전 학년의 학생들이 쉽게 할 수 있다. 겨울에 눈이 많은 지역에서는 눈이 내리기 전인 가을에 하는 것이 가장 좋다. 겨울에 비가 자주 오는 지역에서는 가을이나 겨울에 하는 것이 좋다. 우리는 여름 동안에는 재배상을 휴작한다. 가을에 돌아와 보면 놀랍도록 깊은 흙이 심기를 기다리고 있다.

1. 신문지와 두꺼운 종이를 준비한다. 학생들에게 그것을 흙 위에 깔도록 한다. 이것은 잡초가 자라는 것을 억누른다. 신문지를 이용할 때는 먼저 적셔 놓으면 바람에 날리는 것을 막을 수 있다. 두꺼운 종이는 조경 말뚝에 함께 꽂을 수 있다.
2. 만약 유기비료가 있다면, 학생들에게 종이 위에 약 10센티미터 두께로 깔도록 한다.
3. 만약 유기비료가 없다면, 갖고 있는 아무것—피트모스, 잘게 자른 나뭇가지, 잔디 자른 것, 잡초(아직 열매가 맺지 않은 것), 잘게 자른 신문지, 솔잎, 나뭇잎, 두엄, 커피 찌꺼기, 채소 솎은 것, 잘라 낸 식물, 해초, 짚 등—이나 깔아도 된다. 학생들로 하여금 이 층은 평평한 유기비료 기둥이라 생각하도록 하고, 관리하도록 한다. 최선을 다해 녹색과 갈색의 층을 만들고, 쥐어짠 스펀지처럼 물기 있게 하고, 너무 많다고 걱정하지 마라.
4. 시간이 조금 걸리지만 몇 달만 지나면, 상단 층이 옆으로 쏠려 내리면서 밑에서 검고 푸석푸석한 흙이 모습을 드러내면 모두가 놀라움과 경외심을 느끼지 않을 수 없을 것이다.
5. 모종을 심는다. 학생들에게 흙을 파지 말고 모종삽으로 '나누라'고 한다. 홈 속으로 모종이 잘 파고들도록 하고 그들이 생기 있게 자라는 것을 바라볼 준비를 한다.
6. 지속적으로 필요한 만큼 상단을 덮어 주고, 연장으로 상단의 흙을 긁어내는 일이 없도록 한다. 이 개념을 학생들에게 잘 설명한다.

흙을 두꺼운 멀칭 재료로 덮고 채소 재배를 위해 높인 재배상을 만든다. 흙이 오염되었을 가능성이 있으면 이런 일에 익숙한 기술자와 상의해 보기를 권한다.

무경간농법 또는 '라자냐' 농법

자연은 우리에게 많은 과목을 가르치며, 흙의 비옥함을 유지시켜 주는 것을 생생하게 매년 가을마다 보여 준다. 가을에 우리의 숲을 덮고 있는 잎의 카펫과 그 카펫이 찢어져 어떻게 봄에 새 잎이 기적처럼 퍼지게 하는 연료가 되는지에 대해 생각해 보라. 이것이 흙이 가장 기본적인 형태로 스스로를 만들어 가는 과정이다.

흙은 뿌리와 절지동물, 균사체, 박테리아와 수백만 마리의 미생물이 어우러진 기적이며, 오직 햇볕을 막아 주고, 약간의 습기와 맛있는 생(물)분해 물질만 있으면 된다. 모성을 흉내 내어 흙 위를 잘 덮어 주기만 하면 이 모든 기적의 생명들을 지원하고 먹일 수 있다.

흙을 자르듯 삽질하는 것은 그 속에 살고 있는 수백만 마리의 미생물에게는 아주 난폭한 파괴 행위다. 그것은 마치 건물 해체용 철구로 집을 부수는 것과 같다. 현관이 파괴되고, 부엌은 가구들이 부서진 잔해로 엉망진창이 될 것이며, 지붕은 대문이 있던 곳에 있을 것이다. 나중에 어쩔 수 없이 흙을 팔 때 이 가상현실을 생각해 보라.

유기적인 식물 건강

유기적인 식용작물은 아주 다양하지만, 학교정원에 적합한 것은 얼마 되지 않는다. 우리가 찾은 아주 쉽고 간단한 두 가지 방법을 소개한다. 학생들에게 이 비료를 지도에 따라 섞고, 사용하게 하라.

생선 유제

생선 유제는 학교정원에서 필수적인 부드러운 비료다. 이것은 짙게 슬러리한 생선 부패물로 만들어진다. 생선 유제는 물에 희석하여 흙에 뿌린다. 어떤 이들은 이것을 잎 영양제로 직접 식물의 잎에 붓기도 한다. 생선 유제는 인간에게 가장 불쾌한 것일 수 있다. 비록 소름 끼치지만 조금은 매력적이다. 생선 유제 용액을 컵에 채워 학생들에게 냄새를 맡게 하면 공포로 뒷걸음치는 것을 보게 될 것이다. 그리고 그들이 다시 모여들어서 다른 냄새를 맡는 것을 가까이서 관찰해 보라.

몇몇 해충은 탐색에 이용할 수 있다.
어떻게 달팽이를 빨리 가게 할 것인가?
Photo by Stephanie Ma

유기비료 차

학생들에게 완성된 유기비료를 올이 굵은 삼베 부대에 일부 담도록 한다. 이것이 '티백'이다. 이것을 플라스틱 쓰레기통에 넣고 물을 채운다. 약 일주일이 지나면 물은 흑갈색으로 변하고, 그러면 '잘 스며든' 차가 준비된 것이다.

이 차는 어린 모종에는 아주 부드러운 비료이며, 식물은 이것이 주는 과외의 영양제 한 모금으로부터 혜택을 받게 된다. 부대에 남아 있는 것은 말려서 정원 재배상에 뿌려 준다.

유기적 해충 방제

유기적 해충 방제로는 여러 방법이 있다. 학교정원에 정말로 효과 있고 적합한 방법인 동시에 학생들이 간단한 레시피로 할 수 있는 몇 가지를 소개한다.

항균 스프레이

네 조각으로 쪼갠 마늘과 광물성 오일 한 스푼을 섞고 휘저은 다음 밤새도록 놔

둔다. 혼합물 중 마늘을 걸러 내고 물 0.5리터와 기름을 섞어 스프레이 병에 담는다. 주방세제 한 스푼을 병에 넣고 섞는다. 이 마늘 스프레이는 항생제인 동시에 항균제 작용을 한다. 이것을 진드기나 가루 곰팡이가 만발한 식물에 뿌린다.

살충 비누

살충 비누는 수세기 동안 해충을 없애기 위해 사용되어 온 방법으로, 연체 곤충의 얇은 막을 파괴하여 탈수되어 죽게 한다. 물비누(세제가 아닌) 두 스푼을 물 2.5리터와 섞어 스프레이 병에 넣는다. 학생들은 스프레이 용액을 만들고 동시에 용액이 기생충의 체내에 침투하는 것을 볼 수 있다.

슬러고

슬러고는 민달팽이와 달팽이 미끼로 애완동물이나 아동들에게 안전하며, 유기적인 통제방법으로 알려져 있다. 이 제품은 모든 해충들이 활발할 때인 여름이나 봄 방학 때 좋은 방어 수단이 되며, 한편으로는 학생들이 민달팽이나 달팽이를 통제하도록 돕는다. 학생들은 그 작은 생물을 어디서 찾을 수 있는지 금방 배우고, 가장 포괄적인 급습을 감행할 수 있다.

구리 테이프

구리 테이프는 달팽이가 가까이 접근하면 약한 전자파를 방출한다. 그래서 달팽이가 화분이나 높인 재배상으로 접근하는 것을 막아 준다. 구리 테이프는 비싸지만 모종을 보호하는 데 효과가 있고, 학생들은 이 작은 연체동물에게 '전자파를 받으라.' 고 구슬리려 애쓴다.

생물학적 방제(이로운 곤충 모으기)

곤충의 세계는 모든 자연과 마찬가지로, 이빨과 발톱의 전쟁터다. 매일 학교정원 잠두콩 위에서 벌어지는 무당벌레 애벌레와 진드기 사이의 드라마는 웬만한 공포영화보다 낫다. 곤충 실험실을 발전시키거나 이로운 곤충(또는 흔한 해충을 먹는 곤충)을 모이게 하는 식물을 키우면, 현기증 날듯 복잡하고 다양한 곤충 공동체를 건설하는 데 도움이 될 것이다.

학교정원에서 손쉽게 할 수 있는 유기적 방법

흙의 건강
- ∨ 멀칭
- ∨ 유기비료
- ∨ 두엄

유기적 식물 건강
- ∨ 생선 유제
- ∨ 유기비료 차

해충과의 전쟁
- ∨ 항균 스프레이
- ∨ 살충 비누
- ∨ 슬러고
- ∨ 구리 테이프
- ∨ 생물학적 방제(이로운 곤충 모으기)
- ∨ 손으로 잡기

안전과 예절을 위한 정원 규칙

✓ 연장을 허리 아래에, 뾰족한 부분이 뒤로 가게 쥔다.
✓ 정원 전체를 걷는다.
✓ 따거나 수확하기 전에 허락을 받는다.
✓ 학급 친구들에게 예의 바르게 대하고, 모래나 물건을 던지지 않는다.
✓ 벌레를 쥐어짜지 않는다.
✓ 물을 아낀다.
✓ 큰 연장은 어깨 아래로 든다.
✓ 사용한 모든 지급품은 오두막으로 되가져 온다.

손으로 잡기

당연히 이 방법은 가장 재미있고, 학교정원에 친화적인 해충 제거 방법이다. 민달팽이나 달팽이, 양배추 애벌레, 진드기, 집게벌레와 땅벌레를 찾는 데 학생들을 끌어들인다. 그들이 손에 확대경을 들고, 생태계를 이해하는 것을 바라보고, 수업이 끝날 때는 그것들을 병에 담는다(당신이 개인적으로 이 곤충들을 돌봐야 한다). 우리는 적극적으로 해충 문제에 이 방법을 사용할 것을 권장한다.

유기적으로 유지하기: 학생들을 정원 파수꾼으로

학교정원에서 능률은 별 소용이 없다. 수업이 있는 날이면 매일 60명의 학생들이 정원으로 나와 수업을 받고 활동하는데, 우리가 해야 할 마지막 일은 모서리를 자르고 일을 덜 만드는 것이다. 학생들은 정원에 와서 즐겁게 참여하고 자신들의 정원을 건강하고 최대한으로 기능할 수 있도록 돌본다.

잡초 제거나 물 주기, 토양 개선, 연장 보급이 잘되도록 유지하는 일, 퇴비 더미를 만들고 되돌리는 일, 운반하고 갈퀴질하고, 체로 거르고, 삽질하고, 괭이질하고, 멀칭하고, 표식을 만들고, 그 밖에 중장비가 할 일을 빼고 모든 진행되는 작업은 학생들이 해야 한다. 심지어 전정도 잘 감독만 하면 5학년 작은 그룹에 시켜도 된다. 학생들의 열정과 에너지는 학교정원을 움직이는 유기 엔진이 된다.

기물 파손 행위에 관하여

학교정원에서 기물 파손 행위는 드물지만, 대도시 지역에서 종종 발생한다. 좀도둑이 함부로 창고 안에 들어오더라도, 고작해야 낡고 오래된 수건이나 경운기, 연장 따위밖에 발견하지 못한다. 학교정원 창고에 값나가는 물건이 있는 경우는 드물지만, 어쨌든 자물쇠가 채워져 있으면 유혹을 받는다. 가끔은 식물이 손상되거나 벽에 낙서를 해 놓는 경우도 있지만, 이것은 도시에서나 볼 수 있는 장면이다. 이런 일이 일어나면 손상된 부분을 복구하고, 재빨리 식물을 다시 심는다. 학생들에게 이 사실을 말하고, 그들에게 대처 방식을 묻고, 토론이 끝난 후에는 그것을 잊고 작업을 계속한다. 만일 계속해서 이 같은 일이 반복되면 동네 파출소에 요청하여 밤에 순찰을 돌게 하고 주민들에게 감시를 부탁한다.

안전에 관하여

날카로운 모종삽을 든 20명의 들뜬 유치원생들이 정원 밭에 모여들면 긴장하지 않을 수 없다. 안전 수칙과 상식적인 규칙이 있어야 사고를 피할 수 있다. 연장 안전 수칙은 정원 프로그램의 시작과 함께 가르쳐야 하며, 꼼꼼하게 강조해야 한다. 연장을 사용하는 것은 특권이며, 규칙을 따르지 않는 학생은 그 특권을 박탈해야 한다. 또한 정원의 어른으로서 조심스럽고 안전한 연장 사용 시범을 보이도록 한다. 한 학급을 둘로 나누어 적은 수의 학생들과 연장을 가지고 동시에 작업하는 방법은 아주 좋으며, 특히 안전의 염려를 없애는 실제적인 해결책이다. 모든 오두막에는 쉽게 손 닿을 수 있는 곳에 구급상자를 비치해야 한다.

학교에서 하는 화재, 지진 그 밖의 안전 훈련과 친숙해져야 한다. 안전 훈련이 정원 수업 중에 실시될 수도 있다. 학교 경영자와 상의하여 이 훈련을 정원에서 할 수 있는 별도의 과정으로 만들고, 정원에서 활동하는 모든 학급에 이를 훈련시킨다.

손으로 그린 식물이름표

7 학교정원 운영 요령

　학교정원이 발전되어 감에 따라, 프로그램을 운영하는 기법과 과정이 연마되고 간소화되었다. 당신은 학부모 모임과 좀 더 깊은 관계와 의사소통을 발전시키고, 선생님들과 밀접하게 일하고 있으며, 당신의 주의 깊은 지도하에 학생들은 정원의 일차적 도우미로 활동하고 있다. 당신은 많은 사람들이 목적의식을 갖고 이 작업에 열정적으로 참여하도록 하는 것이 정원 수업을 의미 있게 만드는 주요한 점이라는 것을 알았으며, 정원이 안정될수록 다른 여러 가지 유용한 시스템과 도움이 될 만한 방법들을 발견하게 될 것이다. 이 장에서는 우리에게 필요한 기술과 지식에 대한 개요를 설명하고 있다. 이 지식은 수년간의 시도와 실패, 다른 정원과의 협력, 연구 등을 통해 나온 결과다. 학교 환경에서 사람들 간에 친밀해지는 것은 예산과 시간적 제한에 의해 더욱 구체화될 수 있다. 다음과 같은 범주, 즉 프로그램 계획, 교실 운영, 정원 지원, 유지로 내용을 정리하였다.

프로그램 계획에 대한 조언

정원 프로그램을 운영하는 것은 다양한 자원뿐 아니라 상당한 조직화가 요구된다. 정원 코디네이터는 책, 교육과정, 학교 '절차' 관련집, 스마트 폰 및 다른 교수 장비들을 불가피하게 모을 것이며, 그것을 보관할 장소가 필요할 것이다. 학교 내에서 선반 하나, 도서관에서 책꽂이 두 개, 학교 사무실에서 책상 하나 등을 모아서 빈 작업 공간에 정원 사무실을 만들도록 한다. 당신이 필요한 순간에 쉽게 교육과정과 범위, 절차 관련집, 수업 계획 도서, 정원 식재 지도를 참고할 수 있으므로, 공구 창고 내에 책상은 가장 이상적이고 편리한 선택이라고 할 수 있다. 교장 선생님과 상의하면 당신이 일할 장소를 찾을 수 있도록 기꺼이 도와줄 것이다.

정원 수업 스케줄을 개발하라

정원을 방문한 학생들은 매우 흥분하여 금세 어디로 튈지 모르므로 학부모 자원봉사자가 많을수록 학생들의 관리에 훨씬 도움이 된다. 선생님들과 매주 정원 수업 스케줄을 개발하도록 한다. 일단 반별로 시간 계획이 세워지면 아동들이 정원에 있는 동안에 학부모들이 정규적으로 자원봉사 활동을 하도록 독려한다. 정원 수업의 정확한 스케줄과 정규적인 자원봉사자는 수업에 큰 도움이 될 것이다. 정원에서 정해진 시간을 아는 것은 매우 도움이 되는데, 화요일 1시부터 1시 45분까지라고 알려 주면, 학부모, 정원 코디네이터, 시간이 되는 자원봉사자가 학생들을 동반하여 정원에 오거나 미리 도착해 있게 된다. 이러한 스케줄은 어떤 경우에도 변동되지 않아야 한다. 학생들은 정원 수업이 언제인지를 빨리 기억하며 정원 수업을 기다린다. 학부모에게도 정원 수업이 언제인지 알려서 학생들이 잊지 않고 작업복을 입고 올 수 있도록 한다. 하루에 한 학년 수업을 계획하는 것이 한 번에 한 단계 수업에 집중할 수 있어 도움이 된다. 유치원생을 수업한 후에 5학년생을 수업하는 것은 쉽지 않다.

수업 계획안에 투자하라

수업 계획안은 수업 계획을 위한 선생님의 비어 있는 노트로 정원 교육자를 위한 필수적인 도구다. 학교에서는 이것을 당신에게 제공할 것이다. 만약 제공하지 않는다면, 지역 교육자재 업체에서 구입하도록 한다. 소프트 커버에 스프링 제본된 소책자들이 매우 다양하게 있다. 메모할 공간이 많고, 주별로 진행하도록 안내되어 있는 것을 고르도록 한다. 선생님들과 만나서 교육과정의 범위와 과정에 대해 상의한 후에 주별 수업 계획을 대략적으로 작성할 수 있다. 수업 계획을 작성하고 필요한 물품에 대해 메모한다. 각 정원 수업이 끝난 후에 계획서 책자에 그날 있었던 일을 기록하여 진행된 내용과 하지 않았던 내용 등을 기억할 수 있도록 한다. 정원에서 수업한 것들을 일 년간 기록한 내용은 다음 해의 참고 자료이자 프로그램 과정을 검토하는 데 매우 도움이 될 것이다. 경험의 중요성을 과소평가하지 마라.

내가 정원에서 가르치기 시작했을 때 나에게는 지난 3년간의 경험에서 얻은 수업 계획 교재가 있었다. 나는 교재를 처음부터 끝까지 대강 훑어보며 정원에서의 일 년간의 수업의 감을 얻기 시작하였다. 물론 나 자신이 만든 수업 계획 교재가 있었고, 식재 시기, 수확 시기, 축제일 등을 대략적으로 계획할 수 있었다. 이러한 식물 주기에 따른 업무 중 학기 단위의 과정을 기반으로 보다 과학적인 수업을 계획하였다. 나는 교실에서 가르치는 내용을 야외 정원에서도 강조하기로 하였다. 나는 각 수업에 대한 나의 생각을 기록하기 위해 최선을 다했다. 다음에는 내가 1학년 학생들에게 저널 주제로 '분해'에 대해 쓰라고 요구하지 않을 것이라는 것을 알고 있다. 대신에 우리는 분해처럼 보이는 것을 그릴 것이다. - RKP

기본 정원 작업을 훈련시켜라

학교의 모든 학생들은 제초, 물 주기, 식물 심기, 수확하기, 요리하기 같은 기본적인 정원 기술을 알고 있어야 한다. 정원 수업에서 이러한 기술들을 배울 수 있도록 지도한다. 프로그램 진행을 통해 학생들이 이러한 지식을 얼마나 습득했는지에 따라 학생들에게 감독 없이 작업 수행을 맡길 수 있게 된다. 그룹으로 나누어 한 그룹과 수업을 하는 동안에 다른 그룹은 제초나 물 주기 같은 관리가 별로 필요하지

학생들은 도구를 사용하는 것에 열광한다.
Photo by Brooke Hieserich

않은 작업을 맡기는 것이 유용한 방법이다. 이 방법은 수업관리 요령에서 좀 더 자세히 다루고 있다.

학생들의 논평을 기록하라

당신은 설명을 마친 후에 학생들이 수확하기, 물 주기, 땅파기 등 정원 활동에 참여하느라 바쁜 동안에 서로 하는 이야기를 주의 깊게 듣도록 한다. 노트를 준비하여 학생들이 한 이야기를 기록하거나, 다른 선생님들에게 교실에서도 흥미 있어 하는 내용을 듣고 기록하도록 독려한다. 반 친구들 사이의 의사소통 과정은 학생들의 문제해결 과정, 흥미, 통찰 등을 드러내 주곤 한다. 학생들은 재미있어야 할 수 있다! 정원에서 얻은 일화의 일반적인 기록을 학부모와 방문객들과 공유하듯이 재정 보고서에 프로그램 평가의 한 영역인 학생 논평을 이용하라.

정원 유지 작업에 시합을 하도록 유도하라

정원 유지 작업을 하는 데 있어 시합을 하도록 유도하면 학생들은 수업과 게임을 동시에 즐기게 된다. 가장 긴 잡초를 뽑거나(학생들에게 측정하도록 한다), 쓰레기를 가장 많이 모으거나(무게를 재도록 한다), 벌레와 달팽이를 가장 많이 모아 온(그래프로 만들어 본다) 팀에 여분의 당근을 나누어 준다. 반별로 혹은 매년 학생들은 어떤 기록이 깨졌는지 알고 싶어 할 것이다.

요리와 야외 주방 도구를 만들라

정원 창고에 요리도구 보관을 위해 커다란 고무마개가 있는 통을 준비하라. 접시, 가정용 기구, 도마, 칼, 소금, 후추, 올리브 오일 등을 항상 준비해 두도록 한다. 채소 건조기, 냄비, 가스레인지, 부탄가스 등도 항상 준비해 둔다. 수확일에 이 도구들은 중요하게 사용될 것이다. 이들 주방 도구 준비와 이를 이용하는 방법에 대해서 제8장 '정원에서 식물 심기, 수확하기, 요리하기'와 뒷부분의 '학교정원 레시피'에서 자세히 설명하고 있다.

정원 전체에 테이블과 의자를 배치하라

정원에서 이루어지는 많은 수업에서 학생들이 작성해야 하는 것이 있을 것이다. 야외 수업에서는 쉽게 들고 다니며 이용할 수 있는 클립보드를 이용하고 있다. 학생들이 표면이 고른 곳에서 종자 모으기나 식물 해부 같은 섬세한 작업을 수행하기 위해 두 손을 모두 사용해야 하는 수업이나 활동에서는 프로젝트를 진행할 테이블이 반드시 필요하다. 정원에 커다란 중앙 무대용 테이블을 배치하는 것 외에 번갈아 모이는 장소에 또 다른 테이블을 설치하는 것을 고려하거나 상판이 평평한 의자를 정원 곳곳에 배치하도록 한다. 학생들은 회합을 하거나 노트를 비교하거나 질문이나 문제에 대해 급하게 답을 쓰기 위해 이러한 테이블이 있는 공간에 모이게 되어 있다.

학생들이 사용할 수 있는 개인 의자는 정원에서 스케치하거나 저널을 작성할 때 반드시 필요하다. 간이 의자는 학생들이 독립적으로 조용히 관찰하는 데 도움이 된다. 간이 의자는 저렴한 가격으로 구입하거나 다양한 재료로 만들 수 있고, 겹쳐서 보관할 수 있는 것이 공간을 적게 차지하므로 좋다.

샌프란시스코 학교정원에서 듣게 된 이야기

"브로콜리와 아스파라거스를 먹는 것을 좋아하기 때문에 나는 아마도 강해질 거야."

"당근은 왜 땅속에서 자라는 걸까?"

"완두콩에는 어떤 종류의 비타민이 들어 있을까?"

"내가 가장 좋아하는 것은 여기서 자라고 있는 많은 식물들이고, 식물이 다 자라면 우리는 그것들을 먹을 거야. 맛있고, 건강에 좋아. 그리고 우리가 좋아하는 식물과 좋아하지 않는 식물이 있어. 하지만 먹어 보면 맛있을 거야. 한 가지 식물만 빼고 말이야. 난 아루굴라는 정말 먹기 싫어. 달지도 않고, 난 아직 준비가 안 되었어."

"당근이 너무 오래되면 맛이 고무 같아. 그래서 우린 퇴비를 만드는 데 넣어 버렸어."

"이 커다란 벌레 좀 봐. 더 먹고 있어."

– 캘리포니아, 샌프란시스코, Tule Elk 공원 아동발달센터의 Ayesha Ercelawn의 기록

재료를 창의적으로 재활용하는 모델을 만들라

쓰레기는 자원이며, 학교정원은 쓰레기 매립지에 버려진 생산물을 창의적으로 재활용하는 것을 가르치기에 완벽한 장소다. 단단한 플라스틱 샌드위치 통은 곤충의 서식지로 만들어 정원에서 곤충에 대해 연구할 때 학생들이 개별적으로 사용할 수 있다. 오래된 상자는 나비가 부화하는 테라리엄으로 변형될 수 있다. 잘 익은 솔방울에 땅콩버터를 묻혀 새 모이로 감싸서 정원 곳곳에 걸어 두면 다양한 종류의 새들이 방문한다. 집에서 가져온 깨진 도자기들을 모아서 정원의 벽을 따라 모자이크 미화 작업에 이용한다. 또 당신의 지렁이 통에 재활용 신문지를 넣어서 먹이로 재사용하고, 학부모들에게 요거트 통과 플라스틱 주스 병을 모아 달라고 요청하여 물 주기에 사용하기도 한다. 정원 선물로 오래된 테라코타 화분을 색칠하고 식물을 심는다. 정원은 적게 사용하고, 재사용하고, 재활용하고, 부패하는 생태적 관리 모델인 것이다.

수업 관리 요령

어린 학생들은 정원에 오는 것을 특히 좋아한다. 학생들이 정원 문을 들어서기 전에 편안히 앉아 진정시키도록 한다. 또 다른 세계로 들어간다는 것을 상기시키고, 눈, 귀, 코 등 모든 감각을 활용하여 정원을 탐험하도록 독려한다. 학생들이 모이면 각자 받은 인상에 대해 물어보라. 주의 깊게 듣고, 참여해 주어 감사하다고 표현하라.

학생들이 야외에 있지만, 쉬는 시간이 아니라는 점을 상기시킨다. 어린 학생들(특히 유치원생과 1학년생)이 정원에서 바쁘게 움직이도록 하는 것이 중요하며, 학부모 자원봉사자들의 도움을 받도록 한다. 나이에 적합한 활동을 다양하게 하도록 하라. 정원에서 존재하는 법, 즉 침착하고, 집중하고, 주의를 기울이고, 흥미를 갖도록 하는 것이 중요하다. 이러한 태도가 자연스럽게 몸에 배어야 하며, 처음 정원 수

정원에 대한 학생의 설명은 흥미롭다.
캘리포니아, 샌프란시스코, Tule Elk 공원 아동발달센터 1학년, Photo by Ayesha Ercelawn

프로그램 계획에 대한 조언

» 정원 수업 스케줄을 개발하라.
» 수업 계획 교재를 구입하라.
» 모든 학생들이 기본 정원 과제를 수행할 수 있도록 훈련시켜라.
» 학생들의 대화와 논평을 기록하라.
» 정원 유지 작업을 시합하도록 유도하라.
» 요리 및 야외 주방 도구를 만들라.
» 정원 곳곳에 테이블과 의자를 배치하라.
» 재료를 창의적으로 재사용하는 모델을 만들라.

숙련된 예술가가 학생들과 함께 오래된 도자기를 훌륭한 모자이크 작품으로 탄생시켰다.

업을 할 때부터 교육을 하여 학교를 다니는 동안 강화시키도록 한다. 해가 가고 학생들이 정원에 오는 것이 익숙해지면서 학생들은 장시간 집중하는 것이 쉬워질 것이다.

학습에 대한 긍정적인 접근 모델을 만들라

많은 학생들은 교실 밖에서 이루어지는 수업에 대해 생각해 본 적이 없다. 물론 학생들은 항상 배우고 있다. 학생들은 끊임없이 주변의 정보를 흡수한다. 학생들이 자유 선택 활동, 예를 들면 벌레 찾기, 개미 태우기(학생들은 결국 돋보기를 이용해 태우는 방법을 알아낼 것이다), 사무실 앞에 꽃다발 만들기 등의 활동을 할 때 학생들이 배우고 있음을 상기시키도록 한다. 경우에 따라 정원 자유 수업(스케줄이 없는 수업 또는 활동)을 한 후에 학생들에게 배운 것에 대해 질문하라. 놀랍게도 야외 학습은 학생들에게 동기를 부여하여 활동적이 되게끔 하고, 열의에 넘치게 할 것이다.

정원 수업은 신나는 일로 가득하며, 도전하도록 한다.

미리미리 준비하라

어떤 전문가 선생님처럼, 당신도 충분한 수업 준비의 중요성을 빠르게 인식할 것이다. 제초 작업이나 물 주기같이 즉흥적으로 할 수 있는 정원 활동도 있지만, 수확하기, 식물 심기같이 준비 시간을 필요로 하는 활동도 있다. 수업은 사려 깊은 계획이 필요하다. 수업 시간에 당황하지 않도록 반드시 준비 시간을 갖도록 한다.

팀을 나누어라

대부분 한 반의 학생은 20~30명 정도다. 정원에서 섬세한 작업을 할 때 모두가 집중하게 하는 것은 매우 어려운 일이다. 앞서 언급한 바와 같이 학생들을 그룹으로 나누는 것이 가르칠 때 도움이 된다. 당신이 한 그룹의 학생들과 격자구조물을 만들거나 화단에 당근을 심거나 종자를 선별하는 체를 만들고 있을 때, 학부모 자원봉사자가 나머지 그룹의 활동을 인솔할 수 있다. 자원봉사자가 없을 경우, 저널 작성, 물 주기, 제초 작업, 달팽이나 다른 곤충 찾아보기 등 감독이 없이도 할 수 있

L 보다 많은 연계 활동은 재료를 모으기 위한 준비 시간을 필요로 한다.

R 볼록렌즈는 다양한 용도로 사용되는데, 사진은 태양열을 이용하는 모습이다.

는 활동을 하도록 한다. 그룹의 학생 수가 적을수록 개개인에게 집중할 수 있으며, 보다 복잡한 활동을 심도 있게 탐험할 수 있다. 오후 시간 계획을 세워 전체 그룹을 지도하고 나서 수업 종료 시 복습을 위해 재편성하는 것이 유용하다.

학생 대표를 정하라

각 정원 수업에서 학생 대표를 정한다. 대표는 공구 창고에서 클립보드와 연필을 가지고 오거나, 요리 장소를 설정하거나, 작은 그룹 활동을 인솔하는 등의 일을 한다. 수확 축제 동안에 일단 모든 사람이 함께 먹기 위해 앉으면 학생 대표는 반 친구들과 대화를 시작할 것이다. 대표들은 작은 그룹별로 지렁이 통에 먹이를 주는 것을 인솔할 것이다. 수업이 끝나면, 클립보드와 연필을 모아서 공구 창고에 가져다 둔다. 학생들은 대표를 하려고 할 뿐 아니라 정원에 대한 주인의식을 심어 줄 수 있다(당신의 준비 시간도 짧아진다).

볼록렌즈와 망원경에 끈을 매달라

작은 물건들은 정원에서 잃어버리기 쉽다. 학생들이 목에 걸고 다니며 정원을 탐색할 수 있도록 볼록렌즈나 망원경 등에 끈을 매달아 준다. 수업이 끝나면 통에 담아 창고에 다시 보관해 두고, 개수를 통에 적어 둔다. 줄이나 운동화 끈은 항상 얽

혀 있어서 그것을 푸는 데 시간이 많이 소요되므로 적합하지 않다.

유지·관리 요령

수업 관리 요령

- ∨ 수업에 대한 긍정적인 접근 모델을 만들라.
- ∨ 미리미리 준비하라.
- ∨ 그룹으로 나누어라.
- ∨ 각 반의 학생 대표를 정하라.
- ∨ 볼록렌즈와 망원경에 끈을 매달라.

학교정원은 야외 수업으로 학생들이 활동을 통해 배우는 곳이다. 많은 학교의 정원 코디네이터와 학부모들이 정원을 유지·관리할 때 너무 많은 일들을 하는 실수를 하곤 한다. 학생들이 직접 식물을 심고, 퇴비를 만들고, 뿌리 덮개를 덮어 주고, 지렁이를 기르고, 잡초를 뽑고, 물을 주고, 표지판을 만들고, 해충을 잡고, 격자구조물을 세우는 등의 일을 하도록 하지 않으면, 실제로 학생들에게서 배울 수 있는 수많은 기회를 빼앗는 것과 같다. 힘든 작업은 즐거움과 함께 주인의식도 느끼게 해 준다. 학생들에게 땅을 적절하게 다루는 법, 채소를 돌보는 법, 토양을 개선하는 법에 대해 설명하는 시간을 갖도록 한다. 당신은 교육자로서 학생들이 움직이고, 실수를 하고, 필요한 것을 수정해 가도록 격려해야 한다. 몸으로 익힌 이러한 기술들은 학교를 떠나 살면서도 도움이 될 것이다.

물조리개로 물 주기

물조리개는 관수 시스템의 대안으로 훌륭하다. 이 물 주는 컵은 오래된 요거트 통이나 오렌지 주스 병 상단 부위를 잘라 내어 쉽게 만들 수 있다. 불로 달군 못이나 칼의 날카로운 끝으로 바닥에 구멍을 내어 물이 나오게 만들어 준다. 몇 개의 20리터 들통에 물을 가득 담아 정원 곳곳에 배치하고, 학생들에게 물조리개를 나누어 준다. 물조리개는 몇 가지 좋은 점이 있는데, 땅에 비가 내리는 것처럼 바닥에서 물이 나와 토양에 부드럽게 떨어지기 때문에, 물웅덩이가 생기거나 종자나 유묘가 물에 잠기는 것을 방지할 수 있다. 물조리개가 망가지면 재활용하거나 다른 것으로 대체하면 된다. 물조리개의 많은 이점은 어른이 감독해야 할 필요가 있는 호스를 이용하지 않고도 자유롭게 다니며 물을 줄 수 있다는 점이다.

사실 한 학생이 정원 호스를 사용하는 것은 좋지 않다. 한 번 정도는 허락할 수도 있으나 두 번은 아닐 것이다. 호스 구멍에 손가락을 막고 고르고 부드럽게 물을 주는 데는 약간의 기술을 필요로 하며 어린 학생들은 하기 어렵다. 종자와 묘목들은 물에 잠기고, 아이들은 호스를 들고 다니느라 힘들어한다. 얼마 안 되어 모든 사람

L 물조리개를 이용한 활동
Photo by Stephanie Ma

R 여름철 물 주기를 잘하면 가을에 수확물을 거둘 수 있다.

    우리는 Alice Fong Yu 학교정원에 관수 시스템을 설치하지 않았다. 대신에 요거트 통, 오렌지 주스 병, 1~2리터의 플라스틱 병을 모아서 바닥에 못 두께의 구멍을 뚫어 사용하였다. 이 통들은 20리터 정도의 물을 채운 들통과 함께 정원 곳곳에 배치해 두었다. 학생들은 요거트 통에 물을 가득 채운 후에 재배상 위로 가져가 토양에 물을 주었다. 물조리개는 우리가 이 간단한 도구를 부르는 애정 어린 표현이다. 물 주기는 내가 한 팀과 섬세한 작업을 하는 동안 나머지 팀이 감독관 없이 할 수 있는 작업이었다. 나는 항상 학생들이 지키고 있는 사람이 없어도 완성할 수 있는 과제를 선택하여 수행하였다. - RKP

들이 흠뻑 젖게 될 것이다. 호스 끝에 스프레이 노즐을 부착해 주면 손으로 조절할 때 일어나는 문제들을 해결할 수 있다.

청소 직원을 배려하라

정원에서 시간을 보내고 나면 학생들의 신발과 옷들은 더러워지게 된다. 정원에서 교실로 들어올 때 문 앞에 매트를 깔아서 학생들이 신발을 닦고 들어갈 수 있도록 한다. 정원 주변 공간 역시 잘 살펴보도록 한다. 즉, 모래, 먼지, 조각들을 쓸어오는 건 아닌지, 학생들이 쓰레기를 줍는지 등을 살핀다.

여름철 유지 · 관리를 계획하라

학교정원의 여름철 유지·관리는 기후와 학교 공동체에 따른 여러 가지 의무를 포함한다. 겨울철이 따뜻한 지역에서는 연중 식물이 자라므로 여름철에는 토양이 쉬는 기간이다. 건조한 여름 동안에 퇴비, 볏짚 등으로 뿌리 덮개를 덮어 주어 토양이 휴식할 수 있도록 한다. 이 경우에는 토양 속 미생물이 여름철의 약간의 강우를 환영할 것이다. 식물이 주로 자라는 계절이 여름인 지역은 가을에 학생들이 올 때까지 물을 주고 잡초를 뽑아, 여름 동안에 식물이 잘 자라도록 유지·관리하기 위한 일정이 필요하다. 여름 프로그램을 이용할 수도 있다. 어떤 기후 환경이든지 간에 가을에는 정원에서 식물을 심거나 수확하거나 할 수 있는 준비가 되어 있어야 한다.

학기가 끝날 때쯤 여름방학을 주 단위로 나누어 학부모들이 1~2주 정도 정원 관리를 맡아 주기를 요청한다. 지원자를 모으고, 연락 가능한 이메일, 전화번호를 알아 둔다. 물 주기, 제초 작업, 수확하기 등 여름철에 해야 할 일들을 강조하는 짧은 이메일을 보낸다. 이메일에는 일정도 함께 보내도록 한다. 도심 지역의 학교정원은 여름방학 동안에 학부모와 어린이들이 휴식을 취하고, 놀기도 하며, 공간이 있다면 식량을 재배할 수도 있는 공원으로 이용한다. 여름 내내 누군가는 주기적으로 학부모들에게 정원을 돌보기로 한 일정을 알려 주도록 한다.

기술과 후원을 위한 학부모 모임 목록을 작성하라

정원 프로젝트에 필요한 기술을 가진 사람들을 찾아낼 필요가 있다. 학부모(또는 이웃들) 중에는 수목재배가, 목수, 배관공, 조경가 등이 있을 수 있다. 학교정원은 나무 전정, 창고, 야외 싱크대, 식물 울타리 등을 필요로 한다. 학부모나 관심 있는

유지·관리 요령

- 물조리개를 만들라.
- 청소 직원을 배려하라.
- 가족들이 참여하는 여름 유지·관리 계획을 세워라.
- 기술과 후원을 위한 학부모 모임 목록을 작성하라.
- 미리 작업일을 계획하고 자원봉사자들을 만족시켜라.
- 중고 도구와 장비를 구하라

야외 싱크대는 학교정원의 자산이다. 학부모 모임 소속의 배관공의 도움을 받을 수도 있다.

이웃들을 초대하여 정원 공간을 개선하는 데 참여하도록 하면, 학교에 대한 주인의식과 자부심을 갖게 된다.

경우에 따라 정원은 볏짚 더미, 건축 자재, 토양 더미, 뿌리 덮개, 퇴비 등을 운반할 트럭이 필요할 것이다. 귀가 시간에 학부모들이 학생들을 데리러 학교에 올 때 트럭을 가진 사람을 확인해 둔다. 트럭을 가진 학부모를 정원위원회 회의에 초대하거나 필요한 재료들을 운반해 줄 수 있는지 직접 물어볼 수 있다. 가끔 트럭을 사용할 수 있는 학부모를 찾고 있다는 내용의 글을 학교 웹사이트나 소식지에 게시하고, 이메일을 보내 의향을 물을 수도 있다. 학교에서 사용할 수 있는 트럭이 없다면

정원 프로그램 활성화 요령

✓ 유치원의 밤 행사에 참석하라.
✓ 신학기 행사에 참석하라.
✓ 구체적인 기부 내용을 요청하라.
✓ 정원 파티를 열어 자원봉사자를 표창하라.

평일에 몇 시간 정도 대여할 수도 있다. 도심 지역에서 몇 시간 동안 트럭을 빌려주는 대리점은 인기가 높다.

작업일을 계획하라

기술을 가진 어른들이 당신의 학교정원을 야외 교실로서 기능하도록 도와줄 수 있도록 봄과 가을의 작업일 일정을 계획하라. 의자를 만들고, 화단을 고치고, 옹벽을 건설하고, 새로운 칠판을 설치하고, 야외 좌석 공간을 개선하는 등의 프로젝트는 평일에는 어려울 수 있다. 더 많은 사람들이 함께할 수 있도록 개선에 대한 목록을 유지·관리하도록 한다.

학교 소식지, 학부모 이메일 목록, 교내 안내 게시판에 일하는 날을 홍보한다. 평일에 고학년 학생들이 지역봉사 시간을 채우기 위해 정원에서 일할 수도 있을 것이다. 당신의 자원봉사자에게 건강하고 정성이 담긴 간식을 제공하는 것을 잊지 마라. 그들은 행복해하고 미래를 꿈꾸게 될 것이다. 평일에 일상적인 일로 사람들을 학교에 모이게 하면, 학교의 전반적인 개선을 이끌게 된다.

중고의 도구와 장비를 구하라

반세기 전에 팔린 도구들은 오랫동안 사용하기 위해 히코리 나무나 떡갈나무에 풀무질한 금속으로 축조하였다. 눈썰미가 좋으면 창고 세일 등에서 중고 장비를 저렴한 가격에 구할 수 있다. 어떤 도구들은 지역 철물점에서 살 수 있으며, 주말 벼룩시장이나 창고 세일을 즐기는 학부모들에게 구입해 줄 것을 요청할 수도 있다. 학부모 모임에서 사용한 도구 혹은 필요 없는 도구를 학교정원에 기부하도록 독려한다.

정원 후원을 활성화하는 요령

학교정원 프로그램에 대한 열의를 유지하기 위해 지역사회 사람들을 정중하게 초대하도록 한다. 평일에 도움을 주거나, 정원 수업에 참여하게 될 학부모를 초대하는 것에 대해 중요하게 고려한다. 학부모들은 단체 이메일이나 소식지보다는 개별적인 만남을 원할 수도 있다. 이 프로젝트가 학부모들의 기술을 필요로 하며, 그들이 정원위원회 회원이 되기를 바라고 있다는 것을 전달하도록 한다.

유치원의 밤 행사에 참석하라

대부분의 학교에서는 '유치원의 밤' 행사를 열어 아동들이 학교에서 어떻게 지내고 있는지에 대해 간단히 설명하는 시간을 갖는다. 이 시간은 정원위원회 신규 모집에 중요한 기회가 된다. 이 행사에서 정원 프로그램의 활동과 중요성에 대해 짧게 설명할 시간을 가질 수 있도록 요청하라. 이메일 주소와 전화번호를 수집할 수 있도록 준비한다. 학생들의 학년이 올라가면서 학부모들의 관심이 다른 방향으로 흐르기 때문에 매년 프로그램에 새로운 사람이 가입하는 것이 중요하다.

신학기 행사에 참석하라

매년 가을에 열리는 신학기 행사에서 정원 프로그램에 대한 비전을 보여 주고 후원을 유도한다. 신학기에 학부모들은 열의에 차 있고, 새로운 정보를 기다리고 있으며, 참여할 방법을 찾고 있다. 정원위원회 위원으로서 또는 자원봉사자로서 왜 프로그램에 참여해야 하는지에 대한 정보와 정원 수업에서 찍은 사진으로 만든 안내판을 준비한다. 학부모 이름과 연락처를 수집할 수 있도록 준비한다.

물레인(Verbascum blattaria, 현삼과 잡초)의 부드러운 잎은 감각을 탐험하기에 좋다.

구체적인 기부 내용을 요청하라

새로운 손수레, 손수건, 쌍안경, 물통과 같은 정원에서 필요한 상세한 물품 목록을 작성하도록 한다. 학부모 중에는 적극적으로 참여하고자 하는 경우도 있으며, 최소한 도우려고 노력할 것이다. 학부모들이 더 이상 사용하지 않는 손수레, 삽, 갈퀴, 퇴비 통을 기부하거나 다른 방법으로 도움을 줄 수 있을 것이다. 신학기 행사나 학교 공동체가 함께 모이는 기념행사와 같은 학교행사에 재활용 종이를 사용하여 기부 물품 목록을 인쇄하도록 한다. 또 물품 목록을 학교 소식지나 웹사이트에 올리도록 한다.

정원 파티에서 자원봉사자를 표창하라

매년 봄에 정원 파티를 열도록 한다. 모든 사람들—학부모, 이웃, 학생, 행정부 직원, 선생님—을 초대한다. 바비큐와 음악 밴드도 준비한다. 학부모와 학생들이 얼굴에 페인팅하기와 같은 재미있는 활동을 즐기도록 준비한다. 특별히 학기 중에 정원에서 활동한 자원봉사자들에게 공식적으로 감사를 표하는 시간을 갖도록 한다. 여름철 물 주기 자원봉사자 지원서를 준비하고 도와주겠다는 모든 후원자 가족들에게 일일이 감사의 말을 전하도록 한다. 학교 야외 공간에서 생기가 넘치는 봄의 정원을 즐길 수 있도록 한다.

8 정원에서 식물 심기, 수확하기, 요리하기

　　푸드 시스템 정원은 우리가 음식을 먹을 수 있는 것이 농사 활동 덕분임을 알려 주기에 좋다. 식료품점에서는 음식이 생산되는 과정을 알 수 없으며, 우리가 먹는 것들이 어디서 오는지 알기 어렵다. 우리 신체를 움직이는 원료는 무엇일까? 우리는 얼마나 많은 양의 음식을 필요로 하는가? 우리가 먹는 음식은 어디서 오는가? 가족을 부양하는 데 에너지는 얼마나 필요한가? 토지에서 어떻게 음식의 재료를 얻어 내는가? 음식의 재료를 재배하는 데 필요한 비용은 얼마인가? 학교정원은 식물 심기에서 수확에 이르는 푸드 시스템을 보여 준다. 우리가 어떻게 스스로 식물을 기를 수 있는지에 대한 중요한 가르침을 준다. 이 장에서 학교정원을 이용하여 푸드 시스템을 가르치는 방법에 대해 논의하게 되며, 학생들과 함께 식물을 심고, 수확하고, 요리하는 방법에 대해 설명할 것이다. 학교 현장에서 다루기 쉬운 식물은 무엇이며, 이 과정에서 유용하게 사용할 수 있는 도구는 무엇인지 등을 설명한다. 이러한 원예 작업에는 관심을 필요로 하는 반면, 전략적으로 계획하고 준비한다면 학생들이 작업에 능숙해지게 된다. 학교정원에서는 쉽게 자라고, 쉽게 병에 걸리지 않고, 구하기 쉬운 식물을 선택하도록 한다. 이 책의 뒷부분에서 수년간 많은 학생들이 여러 방면으로 시도하고 실행하고 입증한 레시피를 소개하고 있다.

학교정원에서 기르기 쉬운 작물

십자화과 속 식물	겨울철 눈이 오는 지역에서 심는 시기	겨울철 비가 오는 지역에서 심는 시기
브로콜리	6~8월	2~9월
방울다다기 양배추	6~8월	4~6월
콜리플라워	6~8월	3~4월, 9~10월
콜라드 양배추(케일의 일종)	6~8월	1~2월, 7~9월
케일	6~8월	1~2월, 7~9월
엽채류, 나물, 샐러드용		
아루굴라(로켓)	4~8월	연중
근대	4월	연중
상추	4~6월, 7월	연중
겨자 잎	4~6월	1~3월, 7~9월
시금치	4~6월	1~3월, 9~12월
뿌리채소		
사탕무	4~6월	2월, 9월
당근	5~6월	4월, 8~9월
무	4~9월	연중
덩이줄기 채소		
감자	4~6월	3월
아티초크(Helianthus tuberosus)	4~5월	연중
알리움속 식물(파속 식물)		
파	4~5월	7~9월
마늘	3~4월	10~11월
부추	4~5월	연중
콩과 식물		
강낭콩	5~6월	4~7월
완두콩	5~6월	연중

해를 좋아하는 열매를 맺는 채소	겨울철 눈이 오는 지역에서 심는 시기	겨울철 비가 오는 지역에서 심는 시기
오이	5~6월	4~6월
고추	5~6월	5~6월
호박	5~6월	3월, 6월
토마토	5~6월	5~6월
식용꽃		
보리지	5~6월	연중
금잔화	5~6월	1~6월
한련화	5~6월	1~5월
해바라기	5~6월	2~8월
다년생(여러해살이) 허브식물		
로즈마리	5~6월	연중
타임	5~6월	연중
세이지	5~6월	연중
민트	5~6월	연중
차이브	5~6월	연중
오레가노	5~6월	연중
일년생 허브식물		
파슬리	4월, 8월	봄, 가을
고수(실란트로)	6월	1월
딜	4~6월	4~6월
바질	6월	5~7월

L 겨자 종자

R 야외에 바로 심을 수 있는 건강한 묘목

식물 심기

채소 종자나 묘목을 심는 것은 섬세한 작업이다. 활기 넘치는 2학년 학생들을 데리고 활동을 하기가 다소 당황스러울 수도 있지만, 종자가 서로 섞이거나 조금 망가진다고 해서 문제가 될 것은 없다. 식물 심기는 학생들이 원예에서 좋아하는 활동이다. 식물 심기는 학생들에게 필요한 경험이며, 학생들이 약간의 주의를 기울임으로써 식물에 대한 실연을 배울 수 있는 훌륭한 경험이 된다. 학생들의 정원에서의 첫 번째 경험은 식물을 좀 더 심게 해 준다. 정원의 잉여물은 식량은행에 보내지거나 학교행사에서 판매될 수 있다.

식물 심기의 효과적인 두 가지 방법은 종자를 뿌리거나 묘목을 심는 것이다. 학

식물 심기 수업 지도 요령

- 반을 소그룹으로 나누고 돌아가며 지도하라.
- 기다리는 학생들이 할 수 있는 활동을 준비하라.
- 식물을 심는 날에는 학부모 자원봉사자의 도움을 유도하라.
- 소그룹별로 식물을 심는 장소에서 작물에 대해 자세히 의견을 나누어라.
- 크기가 작은 종자는 흩어뿌리기를 하라.
- 크기가 큰 종자는 하나씩 심어라(점파).

브로콜리를 수확하는 모습
Photo by Linda Myers

교정원에서 대부분의 작물은 직접 종자를 뿌려 기를 수 있으나, 지역 육묘장에서 구입한 묘목을 정원에 심어 수확할 수도 있다. 좋은 육묘장에는 다양한 종류의 어린 채소 모종이 있어 선택하기에 좋다. 정원 프로젝트가 자리를 잡게 되면 온실을 만들어 그곳에서 직접 묘목을 기르는 것도 좋다.

식물 심기 수업 지도 요령

모종을 심든지 직접 종자를 뿌리든지 간에 식물 심기 작업에서는 학생들의 관리가 필요하다. 식물 심기를 할 때 학생들을 소그룹으로 나누고, 한 그룹이 선생님과 식물 심기를 하는 동안 다른 그룹에는 학생들이 쉽게 할 수 있는 한두 가지 작업 혹은 활동을 부여해 주어라. 만약 자원봉사자가 있다면 자원봉사자가 이러한 작업을 지도할 수 있다. 약 6~10명으로 구성된 소그룹이 심는 과정을 설명하고 필요한 작업을 보여 주기에 적합하다. 식물을 심을 장소에서 작업할 작물에 대해 이야기할 계획을 세워라. 예를 들면, 종자 크기와 심는 깊이와의 상관관계, 종자를 직접 파종할 경우 발아해서 수확할 때까지 걸리는 시간, 묘목을 심을 경우 다 자랄 때까지 걸리는 시간 등에 대한 의견을 나눈다. 글을 읽을 줄 아는 학생들과 함께 수업할 때는 종자가 담긴 봉투 뒷면에 작물에 대한 정보가 있으므로 학생들로 하여금 봉투에 적

종자 모으기

학교정원에서 몇몇 작물과 꽃들은 종자를 퍼뜨리기 위해 남겨져야만 한다. 학생들은 땅에서 당근을 뽑아낸 순간, 당근의 전 생애를 방해하고 있다는 것을 이해해야만 한다. 학생들에게 당근 몇 개 정도는 그대로 두도록 격려한다면 식물이 뿌리 생장에서 종자 생산으로 바뀌는 모습을 볼 수 있게 된다. 꽃에서 종자를 채집하는 작업을 한 이후에 또 다른 수업 기회를 만들 수 있게 된다. 종자 모으기는 학생들이 정원에서 할 수 있는(심신에 영향을 미치는) 강렬한 활동으로 삶의 기술인 것이다.

종자 모으기가 쉬운 식물: 금잔화, 고수, 고데티아, 해바라기, 사탕무, 근대, 니겔라

종자 모으기 한눈에 보기
- » 타작하기와 키질하기: 겉껍질을 분리시킨다.
- » 저장: 썩지 않도록 적절한 조건에 보관한다.
- » 발아 테스트: 종자를 발아시키기 위해 활력을 테스트한다.
- » 기록 보관: 식물 종류, 종자 채집 시기, 종자 채집 장소 등을 기록하여 보관한다.

제9장 '연중 정원 수업과 활동'과 종자 모으기 활동과 종자 공급을 위한 '관련 자료'를 참고하라.

종자 체를 쉽게 만들 수 있다.

힌 정보를 활용하도록 할 수 있다. 그룹이 작을수록 다음과 같이 질문하고 좀 더 깊게 생각할 수 있도록 장려하게 된다. 근대를 심을 때 왜 이렇게 공간을 필요로 하는 걸까? 종자가 발아하기 전에 종자에서 어떤 일이 일어날까?

직파하기

직파란 온실이 아니라 외부 정원에 바로 종자를 심는 것을 말한다. 식물을 기를 정원에 바로 종자를 뿌리는 것은 학생들이 학교생활을 하는 동안 그것이 발아해서 꽃이 피고 다시 종자를 맺는 전 과정을 관찰할 수 있는 전 생애 사이클의 시작인 것이다. 당근, 무, 비트, 상추, 시금치 같은 작은 종자는 흩뿌리는 작업에 적합하다. 호박, 완두콩, 강낭콩같이 크기가 큰 종자는 학생들이 한 개씩 파종할 수 있다. 토양 온도가 종자 발아에 중요한 요인이 된다. 날씨, 기후 조건은 종자의 발아율에 중요하므로 일 년 중 언제 식물을 심을지 주의 깊게 살펴야 한다. 종자 봉투에는 각각의 종자에 이상적인 토양 온도가 표시되어 있다. 크기가 작은 종자는 항상 축축한 상태를 유지해야 함을 잊지 말자. 오랜 기간 건조한 상태가 지속되면 종자는 살 수 없다. 종자를 흩뿌리는 작업은 미리 정해진 구역에 종자를 무작위로 뿌리는 것으로 무, 비트, 시금치 종자처럼 손에 잘 안 잡히는 작은 종자에 적합한 방법이다. 학생

학생들이 상추 종자를 심고 있는 모습
Photo by Diana Samuelson

덩굴과 가지를 이용하여 견고한 격자구조물을 엮을 수 있다.

들이 화단을 만드는 것을 돕도록 한다. 갈퀴질을 하여 큰 덩어리는 걷어 내고, 토양을 얕게 긁어내고 고르게 하여 식물을 심을 수 있게 만든다. 둘러앉은 학생들 각자에게 종자를 조금씩 나누어 준다. 종자를 토양 표면에 골고루 뿌리는 것을 보여 주고 학생들도 따라 하게 한다. 같은 방식으로 토양을 뿌려서 종자를 살짝 덮어 준다. 물을 주기 전에 모든 학생들이 손바닥으로 토양을 가볍게 두드려 주면 작업이 끝난다. 종자를 흩뿌리는 작업은 당근이나 상추처럼 줄뿌림 방법의 대안으로 어린 학생들이 작업하는 데 시간이 적게 드는 장점이 있다.

만약 당근이나 상추 심기를 원한다면, 작은 그릇에 작은 종자를 담고 고운 모래와 원예상토를 약간 섞어서 줄을 따라 뿌리는 방법이 있다. 이렇게 하면 종자에 약간의 무게가 더해져 학생들이 작은 골을 따라 쉽게 종자를 뿌릴 수 있다.

흩뿌린 종자는 발아하면 솎아 주어야 한다. 이는 학생들이 하기에 쉬운 작업이며, 학생들의 조그맣고 영리한 손이 일하는 모습을 보면 감탄하게 된다. 종자 봉투에 적힌 내용을 보고 식물 간의 간격과 너무 많이 자라는 것을 조절할 수 있게 된다. 어떤 작물은 다발로 남아 있을 수 있는데, 상추의 경우 '잘라 주면 다시 나온다.' 는 원리를 바탕으로 성장을 조절해 줄 수 있다. 첫 번째 둥근 녹색 잎을 잘라 내면 기저 부위는 그대로 있고, 거기에서 몇 주 후면 두 번째 잎이 생장하여 수확할 수 있게 된다.

크기가 큰 종자는 나이에 상관없이 학생들과 쉽게 심을 수 있다. 종자를 심기에 적합한 깊이로 작은 구멍을 파는 데는 손가락만 있어도 충분하다(심는 깊이는 종자의 넓이의 1.5~2배 정도다). 박이나 호박처럼 완두콩, 강낭콩, 조롱박도 종자 크기가 크다. 적절한 간격을 두고 심고, 필요하다면 흙을 북돋우는 방법도 보여 주도록 한다. 완두콩과 강낭콩은 기어오르는 식물이므로 격자구조물이 필요하다. 학생들이 대나무 또는 잘린 나뭇가지를 이용해 만들게 해 보자.

정원에 매년 다른 스타일의 격자구조물을 가져왔다. 학교 운동장에 서 있는 커다란 소나무를 전정하고 나서 남겨진 구부러진 가지들을 모아 화단 위로 파격적인 아치를 만들었다. 우리는 깍지콩이 기어오르기 좋도록 가지들을 노끈으로 엮었다. 다음 해에 우리는 좀 더 체계적이 되었고, 자원봉사를 하는 학부모님들이 도와주어 여러 개의 화단에 말뚝을 박을 수 있었다. 철조망(구멍이 육각형이다)을 이용해 말뚝 사이를 메우고 못으로 고정하였다. 이렇게 만든 격자구조물은 매우 튼튼하여 여러 해 동안 스위트피와 깍지콩이 구조물을 장식하였다. – RKP

묘목

묘목(어린 묘)을 심으면 시간을 절약하는 등 편리한 점이 많다. 지역의 육묘장과 관계를 잘 맺으면 이점이 많다. 종종 육묘장에서 학교 프로그램에 사용되는 식물을 저렴하게 판매하므로 비용 절감 효과를 기대할 수 있다. 십자화과 채소(브로콜리를 포함한 양배추류), 근대, 토마토, 고추 등은 정원에 묘목을 심을 경우 빠르게 성장한다. 양파, 대파, 마늘, 차이브 같은 파속 식물들도 빠르게 성장한다. 육묘장에서 묘목을 선택할 때는 식물체가 튼튼하고 잎이 성성한 것을 고르도록 한다. 육묘장에 너무 오랜 기간 있었던 식물체는 작은 화분에 비해 너무 크게 자랐거나, 뿌리털이 화분 바닥으로 뻗어 나오거나, 아래쪽 잎이 누렇게 뜨는 등 스트레스를 받을 수 있다.

화분에서 식물을 꺼낼 때 줄기를 잡아 뽑는 것이 아니라 화분 옆면을 마사지하듯 만져 준 뒤에 화분 바닥을 밀어 올리면 어린 식물을 상처 없이 꺼낼 수 있음을 알려 준다. 뿌리를 주목하라. 뿌리가 많아서 서로 단단히 엉겨 있다면 풀어 줘야 한다. 이렇게 해 주면 식물의 새로운 생장이 가능해진다. 묘목의 뿌리 덩어리 크기에 알맞은 구멍을 판다. 구멍에 묘목을 넣고 주변 흙을 덮어 주며 꾹꾹 눌러 준다. 구멍 바닥과 식물 뿌리가 잘 밀착하여 공기층이 생기지 않도록 단단히 눌러 준다. 같은 방식으로 학생들이 묘목을 심도록 지도한다. 식물체는 똑바로 세워 주고, 토양은 충분히 다져 준 후에 조심스럽게 물을 주도록 한다.

직파와 묘목

직파	묘목
아루굴라(로켓)	브로콜리
강낭콩	방울다다기 양배추
사탕무	콜리플라워
당근	근대
오이(묘목 심기 가능)	콜라드 양배추(케일의 일종)
상추	마늘
겨자	대파
완두콩	양파
무	고추
시금치	감자(괴경)
호박	아티초크(괴경)
순무	토마토

건강한 묘목은 새로운 정원에 잘 적응한다.

감자와 아티초크 심기

당신이 감자가 어떻게 자라는지 설명하면 아동들은 눈을 크게 뜨고 경청할 것이다. 감자는 심어서 기르기 쉬운 작물로 아동들은 땅속에서 보물을 발견하게 된다. 또한 식물의 영양 번식에 대해 설명하기에 좋은 재료다. 식물학적으로 감자는 땅속줄기(괴경)이며, 눈에서 새로운 식물체가 자라난다. 학교정원에서는 씨감자나 호두 정도 크기로 감자 괴경을 잘라 심으면 새로운 식물체를 얻을 수 있다. 감자를 땅에 묻으면 눈에서 싹이 나와 햇빛을 찾아 토양 표면으로 올라온다. 새로운 잎을 싹틔워 광합성을 하고 만들어진 에너지를 땅속으로 보내 더 많은 감자를 만들어 내는 것이다. 병이 없는 씨감자를 구입하여 학생들이 화단에 고랑을 내고 감자를 심도록 한다. 감자를 심을 때는 25~30cm 간격으로 10cm 깊이로 심는다. 감자를 심은 주변에 흙을 북돋워 잘 덮어 주면 씨감자에서 나온 땅속줄기에 매달린 새로운 괴경(감자)을 보호할 수 있다. 새로 자란 감자가 햇빛에 노출되면 녹색으로 변하게 되는데, 녹색으로 변한 부위에는 먹으면 위험한 독성물질이 있다.

아티초크도 괴경으로 번식할 수 있는 식물이며, 괴경 부위를 껍질을 벗겨서 날것으로 먹거나 끓여서 스프처럼 먹을 수 있다. 괴경은 종자 카탈로그를 보고 주문하거나, 원예가에게서 얻을 수도 있다. 아티초크 괴경은 5~7cm 깊이에 30cm 간격으로 땅속에 심는다. 아티초크는 해바라기처럼 크고 튼튼한 줄기가 자라며, 여름철 내내 꽃을 피우고, 가을에 수확한다.

작물 기르기

일단 정원에 식물을 심으면 식물을 돌보고 보호하는 과정이 시작된다. 일반적으로 식물을 돌보는 일은 학생들이 해야 하는 일과임을 기억하라. 규칙적으로 물을 주고, 잡초를 뽑고, 뿌리 덮개를 덮고, 솎아 주며, 초식동물들이 뜯어 먹거나 학생들이 놀다가 식물을 다치게 하지 못하도록 지켜야 한다.

수확하기

학교정원에서 수확하는 기쁨은 매우 크고 흥분되는 일이다. 학생들은 햇빛과 토양이 만들어 준 놀라운 선물을 받게 된다. 비록 준비가 잘 안 되었더라도 혼돈과 흥분이 과정을 압도할 수 있다. 수확일에 이벤트를 계획하고, 위생에 주의하며, 수확의 의식을 가르치는 것이 장기적인 안목에서 도움이 될 것이다. 예를 들면, 설명을 마친 후에 비눗물로 손을 깨끗이 씻도록 지도한다. 학생들은 헛간에서 가위통을 가져와 요리 테이블 위에 올려놓고, 도마, 채소 탈수기, 접시, 포크 등을 찾을 수 있다. 학생들은 정원 시스템을 이해하고 관할할 수 있을 때 독립적이고 자율적으로 움직인다고 느낀다. 적절한 음식 준비와 표준화된 수확 방법을 가르치는 과정이 수확 파티를 의미 있고 재미있게 만들어 준다.

수확 방법은 식물 종류에 따라 다르다. 녹색의 잎채소는 자르거나 손가락을 이용해 끊어 준다. 뿌리채소와 땅속에서 자라는 식물은 땅파기와 문지르기가 필요하다. 학생들은 꼬투리째 먹는 완두콩, 납작한 껍질콩, 딸기, 강낭콩, 방울토마토, 보리지와 한련화 같은 식용꽃(edible flowers)을 마음대로 따서 먹을 수 있다는 것을 알고 있다. 이 장에서 설명한 식물들은 내한성이 강하고 덜 예민한 편이다. 또한 지역 기후에 관계없이 모든 학교정원에서 학기 중 다른 시기에 경험할 수 있는 식물들이다.

작물별 수확 방법

자르기	파내기	열매 따기
상추	감자	완두콩
시금치	아티초크	강낭콩
근대	사탕무	딸기
양배추	당근	식용꽃
겨자	마늘	방울토마토
대파	양파	베리류
차이브	부추	
허브류	무	
청경채		
아루굴라(로켓)		

L 샐러드 파티

R 자르면 다시 나온다.
Photo by Brooke Hieserich

녹색 잎채소

잎은 광합성을 수행하는 부분이며, 과일에 비해 양도 많고 빠르게 자란다. 짙은 녹색의 잎(케일, 근대, 상추, 시금치 등)은 영양소를 함유하고 있으며, 수확하기가 매우 쉽다. 학생들은 안전가위를 이용해 잎을 싹둑 자르거나, 부드럽게 뜯어낼 수 있다. 순간적으로 식물 전체를 잡아 뽑지 않도록 어린 학생들은 안전가위를 이용해 수확하는 것이 더 좋다. 상추는 '자르면 다시 나오는' 식물로 빽빽하게 심어 놓고, 수확을 여러 번 할 수 있다.

수확하는 날 모든 학생들에게 잘라 낼 잎의 수를 정해 주도록 한다. 잎의 수를 정해 주면 필요로 하는 식물의 수와 다른 반 학생들을 위해 남겨 놓을 분량 등을 조절할 수 있다. 학생 수와 먹을 분량에 따라 학생 한 사람이 수확할 수 있는 잎의 수는 달라지며, 일반적으로 한 학생당 10장 정도면 샐러드를 만들 수 있다. 고학년에 비해 유치원생들은 적게 먹는다는 것을 기억해 두자.

캐낸 감자를 들고 있는 학생
Photo by Jean Moshofsky-Butler

수확하는 날이면 내가 항상 이용하는 오렌지색 앞치마를 입고 정원 헛간에 나타났을 때 3학년 학생들이 "샐러드 파~~티!"라고 소리 질렀다. 나는 양팔에 2개의 커다란 그릇을 안고 학생들이 기다리고 있는 곳으로 내려갔다.

"무슨 샐러드일까요?" "어떤 식물?" 나는 학생들에게 질문했고, 여러 학생들이 손을 들었다. 나는 모두 함께 대답해 보자고 했고, 학생들은 "상추!"라며 환호했다.

몇 주 전 개학을 하자마자 3학년 학생들이 식물을 심기 위해 높인 재배상을 만들고, 그 안에 퇴비를 넣고, 표면을 고르게 하여 영양분이 풍부한 토양을 얇게 덮어 주었다. 우리는 다양한 종류의 상추 종자를 뿌렸다. 일주일이 지나자 종자가 발아하여 수많은 녹색의 작고 귀여운 잎이 땅 위로 올라오는 것을 관찰하였다. 그리고 몇 주가 지나 샐러드 파티를 할 시기가 되었다.

"여러분 모두 상추 잎 10장씩 수확할 거예요. 어디를 잘라야 하는지 알고 있죠?" 학생들은 가위를 이용해 수확하였다. 학생들은 상추의 관부(crown) 위쪽 잎을 자르면 몇 주 지나서 새로 어린 싹이 자라나서 다시 수확할 수 있게 된다는 것, 즉 자르면 다시 나오는 식물이라는 것을 배웠다. 그리고 샐러드 파티를 여러 번 할 수 있다는 것도 알게 되었다. - RKP

뿌리채소와 감자

무, 당근 같은 뿌리채소를 수확하는 것은 마치 땅속에서 보물찾기를 하는 느낌이다. 학생들은 땅 위로 뿌리채소를 뽑아 올리고, 누가 가장 커다란 뿌리를 뽑았는지 비교해 보기도 한다. 감자를 캐거나 당근을 뽑아 올릴 때 모종삽이나 갈퀴 같은 도구를 사용하면 유용하다. 감자를 캐내는 작업은 나이와 상관없이 가장 좋은 원예 작업 중 하나다. 토양에서 단단하게 영근 감자를 찾는 것은 마치 보물을 찾는 것과도 같다. 감자를 하나 심었는데, 전 생애 사이클이 한 번 지나고 나면 새로운 감자들이 달려 있는 모습은 기적과도 같다.

감자는 꽃과 잎이 떨어지고 나면 수확할 수 있다. 수확하는 데 많은 설명이 필요하지는 않다. 감자에 상처가 나지 않도록 조심스럽게 파내는 모습을 보여 주기만 하면 된다(모종삽을 이용해 감자를 둘로 자르기도 쉽다). 화단 옆에 모종삽을 한 바구니 가져다 두고, 땅에서 캐낸 감자들을 담을 수 있는 그릇을 준비한다. 깨끗하고 차가운 물을 담은 바구니를 두 개 준비하여 감자를 깨끗이 씻어 준다.

아티초크도 감자와 같은 방식으로 수확하며, 필요하다면 모종삽을 이용한다. 아티초크 괴경도 가을에 꽃과 잎이 다 떨어지고 나면 수확한다. 당근, 무, 양파, 대파, 순무 등은 땅에서 캐내거나 잡아 뽑아 낸 후에 표면을 문질러 씻어야 한다.

나는 무가 심기도 쉽고, 싹도 빨리 나오기 때문에 유치원생들에게 완벽한 식물이라고 생각했다. 정원에서 가르친 첫해에 모든 반이 무를 심었는데, 아이들이 무를 처음 수확했을 때 사탕처럼 보이는 작고 단단한 빨간 무를 매우 자랑스러워했다. 아이들은 무를 씻어서는 입에 넣고 먹기 시작했다. 아이들은 무를 너무나 좋아했고, 나는 너무나 흥분하였다. 잠시 후에 아이들은 얼굴을 찌푸리고 입에 넣었던 무를 정신없이 내뱉기 시작했다. 너무 쓰고 너무 매웠던 것이다! 정원 주변에는 뱉어진 무 조각이 흩어져 있었고, 우리는 수확하는 것을 멈추었다.

- RKP

'마음대로' 식물

학교정원에서 꼬투리째 먹는 완두콩 덩굴을 찾아보기 어려울 것이다. 학생들이 마음대로 따 먹어서 매우 많이 심어야 하는 식물도 있다. 딸기, 강낭콩, 납작한 껍질콩(snow pea), 방울토마토, 보리지나 한련화 같은 식용꽃들은 정원에서 만만한 근대는 맛있는 간식이 된다.
Photo by Stephanie Ma

대상이다. 학생들에게 열매를 따 먹을 때 한 손으로는 가지나 덩굴을 붙잡고, 다른 한 손으로 열매를 따도록 가르쳐야 한다.

수확은 수개월에 걸친 정원 작업의 정점이며, 수확물을 준비하고 먹는 것 이상을 의미한다.

축 제

정원에서 먹는 것은 야외 수업에서 잊을 수 없는 강렬한 경험이 된다. 정원으로 나오게 되면 매우 다양하게 배울 수 있다. 정원에서는 보고, 냄새 맡고, 만져 보고,

맛보는 감각 활동이 이루어진다. 학교정원에서 학생들이 과일과 채소에 둘러싸여 있는 것이 어른이 되어서 식생활 습관에도 영향을 미친다는 연구 결과들을 볼 수 있다. 많은 부모들이 예전에 샐러드를 싫어하던 아이들이 집에서 녹색 채소를 먹고 있으며, 허브를 이용해 드레싱을 만드는 방법도 알려 주었다고 보고하였다. 식물이 자라고, 식물을 돌보고, 수확하는 과정이 아이들에게 채소와 음식에 대한 새로운 관점을 갖게 한다.

적절한 위생과 쓰레기 청소에 대해

정원에서 음식을 먹을 때 위생은 매우 중요하다. 우리는 「지역보건 지도법」에 대해 연구하기를 권고한다. 한편, 정원에서 간식을 준비하여 먹을 때 청결을 보장하는 몇 가지 기술이 있다. 음식을 만지기 전에 학생들이 손을 씻을 따뜻한 비눗물을 항상 준비해 둔다. 수확일에는 수확한 채소를 씻을 수 있는 깨끗한 물이 담긴 바구니를 두 개 준비하여, 한곳에서는 묻어 있는 흙을 문질러 닦아 내고 다른 깨끗한 바구니의 물로 헹구도록 한다. 잘 안 닦이는 이물질은 솔을 이용하면 효과적이다. 경우에 따라 채소 세척용 세제를 사용할 수도 있다.

접시, 가사도구, 냄비, 팬 등 요리도구는 사용 후 식기세척기에 넣고 뜨거운 물을 이용해 씻어 준다. 아니면 교실 안에 주방세척 공간을 설치한다. 한 통에는 따뜻한 비눗물을 담고, 다른 통에는 깨끗한 물을 담아 헹구도록 하며, 나머지 통에는 소독을 위해 희석한 표백제를 준비해 둔다. 이러한 준비는 일반적인 가이드라인이며, 특별한 학교정원을 위한 위생 표준을 연구하고 개발하여야 한다. 대부분의 야외 소풍에는 종이접시, 플라스틱 포크, 플라스틱 컵, 냅킨 등 쓰레기가 많이 발생한다. 학교정원 축제는 소풍과 비슷하지만, 쓰레기를 남기지 않는 윤리의식을 심어 주는 좋은 기회가 될 수 있다.

주변에서 발생하는 '쓰레기'의 종착점이 어디인지 교육할 수 있는 쓰레기 시스템을 당신의 정원에서 창조해 보자. 커다란 저장용기를 세 개 준비한다. 하나에는 '퇴비'라고 적고, 음식 찌꺼기와 쉽게 생분해(biodegradable)될 수 있는 것들을 모으도록 한다. 두 번째 용기에는 '재활용'이라고 적고, 플라스틱 물병, 캔류, 호일, 유리 등을 모으도록 한다. 세 번째 용기에는 '매립용'이라고 적고, 플라스틱 랩 같은 다른 이용이 불가능한 것들을 모으도록 한다. 저장용기에 다른 색(각각 빨강, 파랑, 노랑 등)으로 칠해 주면 분명하게 분리가 된다. 점심식사나 정원에서 간식을 먹고 나서 발생하는 쓰레기의 적절한 처리 방법을 교육하도록 한다. 학생들은 쓰레기를 퇴비 통이나 재활용 통에 분리해 넣고 나면 매립용에 버려지는 것이 거의 없다는 사실에 매우 놀라게 될 것이다. 각 반별로 매립용에 버려지는 양을 줄이는 시합을 해 봐도 좋다.

종이접시는 퇴비로 만들 수 있다. 퇴비 제조 시스템이 아직 없다면 재사용이 가능한 접시와 포크를 구입해서 사용하라. 앞에서 언급했듯이 학교에 식기세척기가 없다면 접시를 씻어서 사용하도록 한다. 오일이나 식초 등은 대량으로 구매하고, 빈 병은 재활용한다. 가능한 한 매립용에 버려지는 것이 없도록 한다.

요리하는 날의 준비 단계

- ˅ 학부모 자원봉사자를 확인한다.
- ˅ 접시같이 필요한 식사 도구와 상하기 쉬운 식품을 체크한다.
- ˅ 손을 씻을 수 있는 공간을 마련한다.
- ˅ 식기를 씻을 수 있는 공간을 마련한다.
- ˅ 수확물을 씻을 수 있는 바구니를 마련한다.
- ˅ 가스레인지와 요리할 공간을 마련한다.

준비하기

정원의 창고에 있는 물건 중에 꼭 맞는 뚜껑이 있는 커다란 플라스틱 통을 준비하고, '요리하기'라고 적는다. '요리하기'라고 적힌 통 안에 종이, 재활용할 수 있는 접시와 포크, 도마, 칼, 채소 수분 제거기, 냄비, 작은 바구니, 휴대용 가스레인지, 커다란 그릇, 집게, 샐러드드레싱을 담을 병, 마늘이나 견과류를 다질 절구와 방망이, 생분해성의 독성이 없는 식기 세척제 등을 보관한다. '양념'이라고 쓴 통을 따로 준비하여 상온에 보관이 가능한 간장, 소금, 후추, 식초, 갖가지 향신료를 보관한다. 겨자소스, 올리브 오일, 레몬같이 상하기 쉬운 것은 학교 냉장고에 보관한다.

학생들이 집합할 수 있는 장소에 학생들이 둘레에 모일 수 있는 넓고 튼튼한 테이블을 마련한다. 축제 날에는 학부모 자원봉사자들이 설치, 자르기, 씻기 등을 도와주면 좋다. 가열을 해야 한다면 휴대용 가스레인지, 수확하여 씻은 채소를 담을 그릇, 채소양이 많다면 채소 수분 제거기, 집게, 도마, 칼, 접시와 포크, 그 밖에 필요한 재료들을 테이블 위에 올려놓는다.

요리하기

덩굴에서 바로 따 먹을 수 있는 식물도 있고, 날것으로 먹을 수 있는 채소들이 있는 반면에 요리(살짝 튀기기 등)를 해야 하는 종류도 있다. 학교정원에서 수확하는 요령에 대해 몇 가지를 제안하니, 직접 해 보는 것을 서슴지 말자.

덩굴에서 따기 또는 땅에서 캐내기

당근, 딸기, 강낭콩, 꼬투리째 먹는 완두콩, 방울토마토, 식용꽃 등은 정원에서 바로 먹을 수 있는 간식거리가 된다. 그것들은 씻어서 바로 먹는다! 정원에서 학생들과 시식하는 경험은 잊을 수 없는 추억이 된다.

샐러드

브로콜리와 당근을 잘게 썰어 상추를 혼합한 샐러드는 가열하지 않아도 되므로 학생들이 쉽게 준비해서 먹을 수 있다. 올리브 오일, 식초, 허브, 소금과 후추, 머스터드를 섞고, 정원에서 수확한 마늘이나 작은 양파를 다져 넣어서 허브 드레싱(비네그레트 드레싱)을 빠른 시간 안에 만들 수 있다. 학생들은 재료의 양을 측정하고, 허브를 수확하여 다지고, 드레싱 재료를 빈 병에 넣어 흔들어 주는 작업을 할 수 있다. 학생들이 수확한 녹색 잎이나 잘게 썬 브로콜리 샐러드에 드레싱을 뿌려 주면 바로 먹을 수 있게 된다.

다양한 종류의 상추로 진행하는 샐러드 파티를 기억해 두자. 상추는 쉽게 기를 수 있으며, 평생 채소에 대한 좋은 기억을 가지게 도와주며, 건강한 식습관을 만들어 준다. 신선하고, 아삭아삭한 상추를 금잔화, 한련화, 허브와 함께 그릇에 넣고, 맛있는 드레싱을 뿌려 주면 간편하고 맛있는 간식이 된다.

정원에서 스토브로 요리하기

양파와 근대에 간장 소스를 넣고 재빨리 볶아서 따뜻한 물에 담갔다 뺀 쌀국수 위에 얹는다. 근대, 양배추 잎, 완두콩 줄기를 튀기고 꿀과 레몬을 뿌리면 잘 어울린다. 미리 파스타 국수를 준비하여 살짝 튀긴 녹색 채소를 얹어 주면 수확물이 적을 때 양을 늘릴 수 있는 좋은 방법이 된다. 열을 가한 음식은 만든 즉시 먹을 수 있도록 한다. 부탄가스 스토브나 주철로 만든 캠프 스토브에 프로판 가스 탱크를 연결하면 작업하기에 좋다. 온라인 쇼핑몰에서 구입할 수 있으며, 비용은 7~10만 원 정도다.

태양열 오븐은 정원에 있으면 매우 좋은 기구로 감자나 쿠키를 굽는 데 이용할 수 있다. 인터넷에서 당신이 직접 제작할 만한 디자인을 찾거나 구입할 수도 있다. 비용이 비싸지만(12~30만 원), 그만한 비용을 지불할 만한 가치가 있다. 아침에 오븐에 감자를 넣어 두고, 반 학생들이 오후 내내 요리에 참여하도록 한다(오븐의 반

사장치는 태양의 움직임을 따라 움직여야 한다).

  음식 준비가 끝나면 학생들이 서로서로 대접한다. 테이블 위에 집게, 접시, 포크를 준비하고, 바게트를 썰어 놓는다. 학생들이 앉을 자리를 만들어 주고, 음식을 나누어 먹는다. 학생들 옆에 앉아서 토론하도록 격려하라. 학생들의 반응과 견해에 귀를 기울여라. 이 순간은 정원에서 학생들과 함께 차분해지는 순간이다. 식사하는 동안 이러한 환경을 만들어 주는 것이 사람들과 함께하면서 먹고 즐기는 시간을 갖는 좋은 습관을 길러 준다.

L   정원에서 스토브로 요리하기

R   근대 씻기

  축제를 준비하기 위해 식물을 심고 수확하는 작업은 시작하기 전에는 매우 어려워 보이는 작업일 수 있다. 전략적인 계획과 준비, 분명한 설명, 학생들에 대한 믿음이 이 모든 과정을 쉽고 재미있게 만들어 준다. 시스템을 완성하고, 학생들에게 절차를 가르쳐 주며, 방식을 고수하도록 하라. 결국 가장 중요한 것은 학생들이 집에 돌아가서 유기농 원예 전문가이자, 건강한 식습관 홍보대사이자, 신선한 지역 음식 옹호가가 되는 것이다.

9 연중 정원 수업과 활동

    정원은 배울 것이 충만한 환경이다. 정원 코디네이터는 학교 운동장에서 볼 수 있는 자연현상으로부터 얻은 기발한 아이디어와 영감이 넘치는 자신만의 수업을 운영하게 된다. 당신은 당신만의 교육과정을 만들어 내는 과정을 즐기고 있음을 알게 되며, 검토를 마치고 적용된 수업과 활동을 위한 정원을 만들어 쭉 나아가고, 다른 곳의 교육과정을 빌려서라도 진행하기를 원할 것이다. 정원기반 교육과정은 범위가 넓고 다양하다. 이 책의 뒷부분에서 교육과정 내용을 정리하였다.

    이 장에서는 몇 가지 수업 계획과 정원 활동의 예를 보여 주고 있으며, 다양한 지역과 기후 조건에서 보다 쉽게 적용할 수 있도록 계절별로 정리하였고, 일 년 동안 학교정원에서 할 수 있는 내용을 제시하였다. 수업은 기존의 정원기반 교육과정에 알맞게 만들어졌으며, 활동은 짧게 진행하고, 계절별 과제와 게임을 배움으로써 학생들이 정원에 관심을 가질 수 있도록 한다. 다음을 반드시 기억하라. 정원에서 학생들과 즐겁게 지내라. 자연의 즉흥적인 활동을 위한 공간을 만들라. 직접 해 보고, 최대의 감각 경험이 중요하다는 사실을 선생님들에게 강조하라.

계절별 학교정원 수업과 활동

여기서는 가을, 겨울, 봄 그리고 전 학기 동안의 수업의 예를 보여 주고 있다. 또한 학교정원에서 할 수 있는 계절별 작업과 활동을 소개하였다.

가 을
종자 모으기: 식물이 남긴 유산을 보존하라 ———— 165
살아 있는 것 찾기 ———————————————— 167
뿌리, 줄기, 잎, 열매? ———————————————— 168

겨 울
종자 주문하기 ———————————————————— 172
서식지 알아내기 —————————————————— 173
지렁이로 퇴비 만들기 ——————————————— 175

봄
땅이 부족해요 ———————————————————— 179
식물 성장 그래프 만들기 ————————————— 179
지역 농장 방문하기 ———————————————— 181

전 학기
정원에서 물건을 찾아라 ————————————— 182
오염 수프 ——————————————————————— 183

야외 교실

가을

종자 모으기: 식물이 남긴 유산을 보존하라

이 프로그램은 Earth Steward Gardener 교육과정에서 Jessica Bean, Heather Russell, Kae Bosman-Clark 등이 수행한 '종자 모으기: 식물이 남긴 유산을 보존하고, 내년을 계획하라'라는 프로그램이다. Copyright © 2007 Cultivating Community, Portland, Maine

목표

올해 정원에서 얻은 토마토 종자를 내년에 심기 위해 수집하는 방식으로 종자 모으기를 하는 개념을 가르친다.

준비물

- 야생종 토마토 3~4개
- 도마
- 칼
- 식품 보존용 유리병 3개
- 거즈
- 고무줄 3개
- 종자를 저장할 작은 병이나 그릇

주요 개념

» 우리가 기른 토마토 열매에는 내년에 사용할 수 있는 종자가 들어 있다. 토마토를 성공적으로 길렀기 때문에 종자를 가지고 있는 열매를 얻을 수 있었다. 내년에도 이 열매를 길러서 수확할 수 있다.

» 우리는 최상의 식물, 예를 들면 가장 크고, 가장 맛있고, 가장 빠르게 자라는 식물의 종자를 얻고 싶어 한다. 최상의 식물에서 얻은 종자는 부모와 가장 닮았기 때문에(부모의 유전자를 물려받았기 때문에) 내년에도 최상의 식물로 자라게 된다.

» 우리가 기르는 작물은 모두 예전에는 야생식물이었다. 종자를 선별하여 이듬해 다시 심어서 보존함으로써 우리는 작물과 고대로부터의 관계를 유지해 오고 있다. 식물은 자라기 위해 인간이 필요하고, 인간은 식물로부터 먹을 것을 얻는, 농업의 상호 의존을 경험하게 되는 것이다.

정보

이 활동은 자연수분(open-pollinated)하는 다양한 종류의 식물을 이용한다. 우리가 재배하고 있는 많은 작물들은 교배종으로서 부모 세대 식물과 같을 것으로 예상하는 자식 세대 식물을 얻을 수는 없다. 종자 모으기는 모든 작물에서 할 수 있지만, 타가수분하지 않는 토마토로 시작하기를 권한다. 이러한 식물들은 당신이 따로 수분을 주기 위해 계획을 세울 필요가 없다. 종자 모으기에 대해서 자세히 알고 싶거나, 다른 작물의 특성에 대해 공부하고 싶다면 Suzanne Ashworth의 『종자에서 종자까지(Seed to Seed)』(Seed Savers Exchange, 2002)를 찾아보라. 자연수분되는 야생종 토마토와 다른 작물들은 Fedso 종자회사(www.fedseeds.org), Johnny's Selected 종자회사(www.johnnyseeds.com), Seed Saver Exchange(www.seedsavers.org)에서 구할 수 있다. 늦여름이나 가을에는 지역 농장에 가면 종자를 얻을 수 있는 야생종 토마토를 찾을 수 있다.

활동

》 맨 처음 할 일은 정원으로 나가서 종자를 얻기를 원하는 토마토를 찾는 것이다.

　가장 맛있는 열매가 열리는 식물로, 가장 강하고 빨리 자라는 식물을 찾아라. 당신이 생각하는 식물의 가장 중요한 특성에 대해 함께 의논하여 그 중 가장 많은 특성을 가지고 있는 식물의 열매를 선택한다. 이 과정은 학생들에게 훌륭한 기초 유전학 수업이 된다. 아이들은 여러 면에서 그들의 부모를 닮았다. 토마토 역시 마찬가지다. 따라서 최고라고 생각하는 식물을 선택함으로써 내년에 자라날 식물에서 똑같이 최고의 특성을 찾을 수 있으리라 기대할 것이다.

》 두 번째 단계로 토마토를 가지고 와서 깨끗이 씻은 후에 도마에 올려놓는다. 그리고 학생들과 발아 과정에 대해 토론한다. 당신은 학생들에게 다음과 같은 질문을 하면 좋다.

- 종자에서 싹이 나오는 데 무엇이 필요할까?
  수분과 알맞은 온도가 필요하다.

- 토마토의 가운데(중앙)는 어떨 것 같니?
  아마 수분도 많고, 따뜻할 것이다.

- 왜 토마토 종자는 토마토 안에서 자라지 않는 걸까? (아마도 이 질문에 대답하는 학생은 없을 것이다.)

　토마토는 종자가 발아되지 못하게 하는 자연 억제제로 종자를 덮고 있는 보호막인 것이다. 이 억제제는 물로 씻어 낼 수 없으며, 보호막을 제거하지 않으면 토마토 종자는 발아하지 못한다. 토마토가 썩으면서 발생하는 박테리아만이 이 억제제(보호막)를 먹어 치울 수 있다.

》 세 번째 단계로 토마토를 자르고, 주스와 종자를 고르게 짜서 유리병에 담는다. 유리병에는 이름표를 붙이고, 유리병이 2/3 정도 차게 되면 거즈를 덮고, 고무줄로 유리병 입구를 묶어 준다. 따뜻한 곳에 유리병을 두고, 3~7일쯤 방치하여 발효가 일어나도록 한다. 썩은 토마토에서 곰팡이가 자라면서 종자를 보호하던 억제제를 먹어 버리고 종자가 유리병 바닥에 가라앉을 것이다.

》 유리병 위에 떠 있는 곰팡이는 따라 버리고 깨끗한 물을 부어 주면 종자는 바닥으로 가라앉을 것이다. 이 과정을 여러 번 되풀이하면 유리병 바닥에는 깨끗한 종자만 모이게 되고, 이렇게 유리병 바닥에 모인 깨끗한 종자를 모으는 것은 훌륭한 수집이 된다. 모은 종자를 체에 걸러서 신문지 위에 펼쳐 놓은 뒤에 해가 잘 드는 곳에서 말린다. 종자가 완전히 마르면 작은 유리병에 담고 이름표를 붙인 후에 서늘하고 어두운 장소에서 보관한다.

후속 활동

》 토마토는 라틴아메리카 같은 따뜻한 열대 지역이 원산지다. 잘 익으면 땅에 떨어져 썩게 된다. 과일이 썩은 자리에서 새로운 과일이 자라게 된다. 수렵·채집인들이 이 식물을 재배하였다는 사실에 대해 어떻게 생각하는가? 그들이 식물의 생애주기를 알았던 것일까? 종자를 채집할 때는 식물의 생애 주기와 혈통을 이해해야 할 필요가 있다. 학생들이 인류 최초의 토마토 종자 채집인의 삶을 상상하며 창의적으로 글 쓰는 연습도 계획해 보라.

특정한 식물을 정하고 원산지가 어디인지, 어떻게 재배되기 시작했는지에 대한 프로젝트 수업을 시도해 보라.

>> 이 활동과 연계할 수 있는 많은 과학기반 관찰, 즉 유전학, 식물기원학, 식물 생애 주기, 발효 과정에서의 화학반응 등 다양한 연계 수업이 가능하다. 고대 문명과 농업의 기원에 대한 내용과 연결하여 인문 사회학에 대한 연계 수업도 가능하다.

>> Eli kaurman의 '한 세대에서 다음 세대로: 종자 모으기의 살아 있는 전통에 대한 활동 지침서'는 1~2학년 수준에 맞는 다양한 활동이 가득한 교육과정을 무료로 안내해 준다. http://www.growseed.org/GenerationtoGeneration.pdf에서 다운받을 수 있다.

>> 이 활동은 식용식물의 다양성을 보존하는 중요성에 대해 토론하게 한다. 이백 년 전만 해도 거의 모든 사람들이 종자를 모았고, 자신의 식량으로 재배하였다. 지금은 이용하지 않는 기술이며, 지난 세기에만 식용식물의 종류 중 75%가 사라졌다. 이렇게 식물의 다양성의 손실이 주는 의미와 야생 품종과 식물의 다양성이 중요한 이유에 대해 토론해 보라.

살아 있는 것 찾기

이 프로그램은 캘리포니아 산타크루즈 지역의 생명 과학 실험 프로그램(Life Lab Science Program)(4학년, '서식지')이다(www.lifelab.org).

도입

생존을 위해 무엇이 필요한가? 생존에 필요한 것을 어떻게 찾을 수 있는가? 여러분은 어디서든 살 수 있는가? 식물과 동물은 어떠한가? 우리 정원이나 학교 운동장에 있는 식물들은 생존을 위해 무엇이 필요한가? 동물들은 무엇이 필요한가? 우리 정원이 동식물이 살아가는 데 어떻게 도움이 되는가? 우리가 정원에서 모든 식물을 없애 버린다면 어떻게 될까? 동물들에게는 무슨 일이 일어날까?

목표

학생들로 하여금 인간, 식물, 동물이 공존하기 위해 필요한 것이 무엇인지 이해하고, 학생들의 생각을 기록할 수 있도록 한다.

준비물

✓ 저널(질문지)

✓ 필기도구

✓ 클립보드

학교정원에서 쉽게 볼 수 있는 큰멋쟁이나비

활동

» 학생들을 2명씩 팀을 지어 한 명은 '식물 조사관', 다른 한 명은 '동물 조사관'으로 정한다.

» 학생들을 정원으로 데리고 가서 각 팀별로 관찰 및 조사할 장소를 찾도록 요청한다. 각 팀별로 식물과 동물을 찾아보도록 요청하고, 동물이 어떻게 식물을 이용하는지(혹은 식물이 동물을 어떻게 이용하는지)에 대해 저널에 기록하도록 한다. 학생들이 동물이 붙어 있는 식물을 찾아내지 못했다면, 관찰 장소에서 식물 한 종류, 동물 한 종류를 선택하라고 지도한다.

» 동물 조사관은 5~10분간 동물을 관찰하여 모든 것을 기록하도록 지도한다. 학생들이 자세히 관찰하도록 지도한다. 만약 벌이 꽃을 방문하는 것을 관찰한다면, 어떤 종류인지 알아보고, 그림으로 그려 보도록 한다. 애벌레가 잎을 먹고 있는 것을 관찰한다면, 주어진 시간 동안 얼마나 많은 수의 잎을 먹는지 조사하도록 한다. 동물 조사관은 동물들이 이동하는 경로와 하는 일에 대해 지도를 만들어 보도록 지도한다.

» 식물 조사관의 일은 서식지 안의 식물을 묘사하고, 스케치해 보는 것이다. 식물이 생존에 필요한 서식지 종류에 대해 배울 수 있도록 식물 조사관들이 빛, 습도, 토양 종류와 같은 서식지 환경에 대해서 기록할 수 있도록 지도한다.

뿌리, 줄기, 잎, 열매?

이 프로그램은 Roberta Jaffe와 Gary Appel의 『성장하는 교실(The Growing Classroom)』(Addison-Wesley, 2001)에서 빌려 온 프로그램으로 Life Lab Science와 국립원예협회에서 개발하였다.

설명

식물 부위에 따라 우리가 먹는 음식과 향신료를 분류하고 정원에서 간식을 수확하도록 한다.

목표

우리가 먹는 식물의 부위를 정의하고 범주를 나눈다.

준비물

✓ 저널
✓ 정원에서 얻을 수 있는 후추, 딜, 캐러웨이, 시나몬 같은 신선한 허브와 향신료 약간
✓ 정원에서 얻을 수 있는 당근, 셀러리, 시금치, 브로콜리, 완두콩, 해바라기 씨 같은 채소 약간. 식품 분류 차트에 따라 범주를 나누어 본다.
✓ 채소를 찍어 먹을 소스나 코티지치즈
✓ 도마와 칼

활동

학생들이 먹는 식물들의 이름을 적어 본다(칠판에 학생들이 말하는 식물 이름을 적는다). 학생들이 식물 전체를 먹는지, 부분을 먹는지 물어본다. 식물의 다른 부위, 뿌리, 줄기, 잎, 껍질, 꽃, 과일, 씨앗 등을 적어 보자. '여러분은 식물의 부위별로 다 먹고 있나요(예상을 기록한다)?' '여러분이 먹은 식물들 중에서 우리가 기록한 식물체의 다른 부분들의 이름을 알고 있나요(각 식물 부위의 명칭을 기록한다)?'

- 학생들을 2명씩 짝짓는다.
- 학생들로 하여금 저널에 7개 칸을 만들고 맨 위에 뿌리, 줄기, 잎, 껍질, 꽃, 열매, 종자라고 적도록 한다.
- 학생들로 하여금 먹는 식물의 부위에 따라 해당하는 범주에 식물 이름을 적도록 한다. 예를 들면, 호두는 종자, 가지는 열매 등과 같다.
- 당신이 준비한 향신료 샘플을 감각을 이용해 탐험하게 함으로써 학생들이 놀라운 향신료의 세계에 관심을 갖도록 안내한다.
- 학생들이 향신료를 분류하도록 격려한다. 이 작업은 다소 어려울 수 있으므로 학생들이 향신료를 분류하지 못한다면, 지도해 주도록 하라.
- 이제 학생들은 새로운 지식을 알고 즐기고 있다. 채소를 자르고, 향신료를 이용해 소스를 준비하도록 하라. 정원에서 당근이나 완두콩 등을 수확하여 먹을 수도 있다.

토의 주제
》 여러분이 가장 좋아하는 채소는 무엇인가요?
》 여러분이 먹고 있는 것은 식물의 어느 부위인가요?
》 여러분이 가장 좋아하는 뿌리, 줄기, 잎, 껍질, 꽃, 열매, 종자는 무엇인가요?

후속 활동
》 학생들이 점심에 혹은 아침에 먹은 음식을 식물 부위별로 설명하도록 한다. 예를 들어, 땅콩버터와 과일 잼을 바른 샌드위치를 먹었다면, "종자(땅콩버터)와 뭉갠 열매(과일 잼)를 종자를 갈아서 구운(빵) 것 위에 올려서 먹었어요."라고 설명한다.
》 학생들로 하여금 한 가지 범주로만 구성된 세 끼 식사를 계획하라고 한다. 이렇게 음식을 먹으면 즐거울까?
》 학생들로 하여금 식물의 먹는 부위에 따라 정원 화단을 식재하도록 한다.

식품 범주

뿌리	줄기	잎	껍질	꽃	열매	종자
당근	셀러리	바질	시나몬	브로콜리	토마토	아몬드
사탕무	콜라비	파슬리		콜리플라워	가지	후추
무	아스파라거스	시금치		한련화	사과	캐러웨이
생강		상추			바나나	초콜릿
		민트				강낭콩
						쌀
						밀

호박꽃

간이온실을 사용하여 계절을 확장하라

메인 지역의 Eliot Coleman 농부의 저서 『겨울 수확 핸드북(The Winter Harvest Handbook)』에서 눈이 오는 겨울 기간에 작물을 선택하여 기르는 데 필요한 기술과 방법에 대해 설명하고 있다. Coleman의 농장은 연중 최저 온도의 평균이 영하 23~29도인 지역(Zone 5에 해당)에 위치해 있다. 우선 직물 커버로 식물에 닿지 않게 덮어 주고, 그 위에 간이온실(Coleman은 '냉상'이라고 부르는 온실) 같은 터널을 덮어 보호막을 두 겹으로 덮어 주면, 식물을 심는 지역의 최저 온도 평균을 영하 7~12도 정도(Zone 8에 해당)로 높여 줄 수 있다는 것을 알았다.

낮 동안에 태양열(겨울철 태양고도가 높아 해가 비치는 시간이 충분하다)이 충분하여 간이온실 안의 작물이 얼지 않도록 유지할 수 있어, 작물을 기를 수 있다. 겨울작물은 더 추운 온도에서 자라도록 적응된 식물로 간이온실 시설을 해 주면 추운 지역에서도 작물을 기를 수 있다. 겨울작물로는 시금치, 근대, 상추, 일본 상추나 비타민 채소(Brassica rapa var. rosularis) 같은 아시아 지역 잎채소류, 무 등이 있다. 이들 작물은 가을에 철저히 준비하여 잘 계획된 식재 스케줄에 따라 심어야 잘 기를 수 있다.

Coleman의 농장은 시장에 판매할 작물들을 기르고 있으며, 추운 기간에 경제적으로 농장을 운영할 수 있는 방법에 대해 깊이 있게 설명해 주고 있다. 학교정원에서 이러한 기술은 고학년 교육과정의 일부로 계절별 재배를 경험하는 매우 흥미로운 방법이 될 것이다. 당신은 내한성이 강한 녹색식물을 심고, 말뚝을 박고, 직물 커버로 덮어 주어 서리 피해를 입지 않도록 할 것이다. 저렴한 플라스틱 필름을 덮은 간이온실(플라스틱 파이프나 나무 막대로 틀을 짠 냉상시설)을 지어 낮 동안에는 태양열을 모으고 눈이 쌓이지 않도록 할 수 있다. 학생들은 온도를 측정하고, 식물의 변화를 관찰하면서 생장률을 기록하고, 작물이 살지 죽을지에 대해 가설을 세워 기록할 수 있다. 이미 학교정원은 온실을 사용하는 방식으로 식물을 재배하는 계절을 확장하고 있다. 간이온실 시설은 저렴한 이중 보호막으로 추운 지역에서 정원을 확장하는 방법이자 학기 중에 늦게까지 수확하는 즐거움을 주게 된다.

기후, 일장, 정원 디자인, 저온에서 자라는 식물에 대한 연구와 역사에 대한 더 많은 정보는 『겨울 수확 핸드북』에서 찾을 수 있다.

학생들이 부패에 의해 야기된 변화를 관찰한 뒤에 기록하고 있다.

겨 울

종자 주문하기

이 프로그램은 Roberta Jaffe와 Gary Appel의 『성장하는 교실』(Addison-Wesley, 2001)에서 빌려 온 프로그램으로 Life Lab Science와 국립원예협회에서 개발하였다.

설 명
학생들은 기후, 작물, 미적 선호도에 따라 카탈로그에서 구매할 종자 종류를 선택할 것이다.

목 표
종자 주문서를 정리하면서 필요 수량을 계산함과 동시에 기후, 식물 종류, 소비자 선호도 등에 대한 정보를 얻게 된다.

준비물
- 다양한 종자 정보가 실린 카탈로그
- 당신의 지역에서 기를 만한 추천 채소와 꽃식물 목록(지역 농업기술센터에서 얻거나 지역의 연중 강우량, 평균 온도, 토양 종류, 서리가 안 내리는 날, 태양의 길이 등을 정리하여 당신이 직접 만들 수도 있다).
- 최소한 6주 전에는 카탈로그를 보내 달라고 주문하라(일단 당신 학교가 우편물 목록에 올라가면 요청하지 않아도 매년 새 카탈로그를 받을 수 있다).
- 종자 주문서(종자 카탈로그 안에 있는 것을 사용할 수 있다. 학생들은 종자에 대한 설명, 필요한 크기와 수량을 기록하고, 전체 비용을 계산한다.)

토의 주제
>> 우리가 정원에서 기를 식물을 선택해야 하는데, 어떻게 해야 할까? 이곳에서 가장 잘 자라는 꽃과 채소는 무엇일까(당신의 목록을 찾아보라)? 여러분이 먹고 싶은 채소는 무엇인가? 한 가지 채소에 왜 이렇게 많은 품종이 있는 것일까? 우리의 환경에서 이 식물이 가장 잘 자랄 것이라고 말할 수 있는 이유는 무엇인가?

>> 우리가 이듬해 정원에 심을 종자를 길러야만 할까? 그렇다면 어떤 종자를 길러야만 할까? 우리가 선택해서 기를 종자는 자연수분 종자여야만 한다. 왜 그럴까? 가장 쉽게 기를 수 있는 식물에 대해 어떻게 생각하는가? 재미? 도전? 추운 혹은 따뜻한 계절 중 어느 계절에 심을 것인가? 우리는 뿌리, 줄기, 잎, 꽃, 열매, 종자와 같이 먹는 부위가 다양한 식물을 선택하기를 원하는가?

활동
>> 학생들을 3명씩 한 팀으로 나눈다.
>> 팀별로 종자 주문서를 나눠 준다. 팀 토의에서 얻은 해답에 맞는 특정 성질을 기록하도록 지도한다. 각 팀들이 이러한 성질에 맞는 식물을 찾아 카탈로그를 찾아보고, 자신들만의 재배 목록을 정리하도록 한다. 각 팀이 품종, 비용, 자연수분 등과 같은 다른 범주를 사용하도록 격려한다(당신은 각 팀이 선택하는 채소, 꽃, 허브식물의 수를 제한하기를 원할 수도 있다).

›› 반별로 주문할 종자 목록을 종합하여 정리하고, 선택한 회사나 특정 카탈로그를 표시하도록 한다.
›› 학생들을 소그룹으로 나누어 종자 회사에 보낼 주문서를 작성하도록 한다. 수표나 우편환을 이용하여 종자 회사에 보낸다. 도매가격으로 구입하기 위해 다른 반과 함께 주문하기를 원할 수도 있을 것이다. 종자가 도착할 때까지 시간이 걸리므로 충분한 여유를 두고 주문하도록 한다.

서식지 알아내기

이 프로그램은 캘리포니아 산타크루즈 지역의 생명 과학 실험 프로그램 (4학년, '서식지')이다(www.lifelab.org).

목표
서식지에서 식물과 동물이 살아가는 데 영향을 미치는 물리적 환경에 대한 이해를 돕도록 한다.

준비물
- 다양한 서식지 사진(바다, 산, 사막 등)
- 파이프 클리너와 미술용품
- 점토
- 호일
- 이쑤시개

주요 개념
›› 우리가 살고 있는 지구의 서식지 범위는 빛, 온도, 지형, 습도, 고도, 수분, 토양의 복잡한 조합에 의해 다양하게 나타나며, 이러한 조건에 따라 특정 형태의 서식지가 만들어진다.
›› 모든 서식지에서 환경이 중요한 요인이며, 가장 이국적인 환경에서도 생물 형태를 유지하여 극심한 환경에 적응하도록 진화되었다.
›› 서식지를 이루는 물리적 환경을 이해하면, 그곳에 살고 있는 식물과 동물의 특성을 이해하는 실마리가 된다.

1부: 시작하기

바다, 북극, 열대우림, 대초원, 강 등과 같이 다양한 서식지 사진을 보여 준다. 잡지, 달력, 과학책 등에서 사진을 얻을 수 있을 것이다. 각 서식지의 특별한 환경에 대해 학생들에게 설명해 주고, 학생들이 수수께끼를 통해 설명과 사진을 서로 맞추도록 한다. "이 서식지는 식물과 동물의 고향입니다. 여름철 낮에는 온도가 섭씨 37도 이상 올라가며, 밤에는 거의 0도 가까이 떨어집니다. 겨울철은 따뜻합니다. 비는 거의 오지 않고, 식물은 건조한 모래 토양에서 드문드문 무리 지어 자랍니다. 많은 식물들이 가시나 작은 잎을 가지고 있으며, 줄기 내에 수분을 저장해 두고 있습니다. 많은 수의 뱀, 도마뱀, 설치류가 있으며, 낮 동안의 열기를 피해 땅속에 굴을 파고 지내는 동물도 있습니다. 이들은 밤이나 시원한 아침이나 저녁 무렵에 굴 밖으로 나와 음식을 찾습니다. 지금 설명하고 있는 서식지는 어디일까요?" "사막입니다."

활동
›› 또 다른 서식지 그림을 선택하여 학생들에게 서식지 환경에 대한 수수께끼를 낸다. 학생들이 사진

에 있는 식물이나 동물이 무엇인지 알고 있는지를 묻고, 서식지 내 환경 조건에서 살아남기 위해 어떠한 특성을 갖게 되었는지를 생각해 보도록 격려한다.

›› 학생들을 4~6명씩 한 팀으로 나눈다. 각 팀에 사진과 빈 종이카드를 한 장씩 주고, 사진 속 서식지에 대한 수수께끼를 만들어 빈 종이카드에 적도록 한다. 학생들이 다른 팀에 자기 팀 사진을 보여 주지 않도록 한다.

›› 모든 팀이 수수께끼를 다 만들고 나면, 선생님이 다시 사진을 모아 모든 학생들이 볼 수 있도록 한다. 수수께끼를 적은 카드를 모아서 잘 섞은 다음, 각 팀에 나누어 준다. 팀의 학생들이 수수께끼에 해당하는 사진을 찾기 위해 몇 분 정도 상의할 시간을 주도록 한다.

›› 모든 팀이 상의가 끝나면, 각 팀에서 한 명씩 선발하여 수수께끼를 읽고 해당하는 서식지 사진을 찾도록 한다. 만약 수수께끼 내용이 서식지를 찾기에 부족하다고 생각되면, 서식지에 대해 알아야 할 것이 무엇인지 질문하도록 한다. 수수께끼를 작성한 팀이 충분히 단서를 제공할 수 있는지를 살피도록 한다. 짝을 잘못 맞추었다면, 정답 사진과 선택한 사진을 함께 놓고, 같은 점과 다른 점에 대해 비교하도록 한다. 만약 설명이 잘못되었다면, 학생들에게 그 서식지에 대한 정보를 어디서 찾을 수 있는지 질문하고, 참고 도서와 사진 책을 찾을 수 있도록 도와준다.

›› 일단 모든 서식지와 설명의 짝을 맞추고 나면, 각 팀에 단서를 수정할 수 있는 시간을 주도록 한다.

›› 학생들이 쉬는 시간에 짝 맞추기를 할 수 있도록 수수께끼 카드와 사진을 진열해 둔다.

평가

학생들이 물리적 환경과 서식지의 관계를 이해하고 있는지를 평가하라.

- 서식지 수수께끼를 푸는 데 가장 도움이 된 단서는 무엇인가요?
- 널리 알려진 식물과 동물에 대한 단서가 서식지를 찾는 데 도움이 되었나요?
- 한 서식지에 살고 있는 동물과 식물이 왜 다른 서식지에서는 살 수 없는 걸까요?

2부: 시작하기

서식지 안에 동물이 있는 그림을 보여 주고, 식물과 동물이 서식지에 어떻게 적응하고 이용하는지에 대해 토론한다. 서식지는 더울까? 추울까? 태양이 내리쬘까? 그늘이 질까? 습할까? 건조할까?

활동

›› 서식지 사진을 보여 주며, 학생들에게 준비된 파이프 클리너와 미술용품을 이용하여 이 서식지에서 살 수 있는 식물이나 동물을 만들어 보도록 한다. 동물들이 우리가 선택한 서식지에서 살아가기 위해 필요한 것은 무엇일까?

›› 학생들로 하여금 사진과 미술용품을 이용하여 서식지 환경을 탐구하고, 환경이 어떻게 생물이 사는 터전에 영향을 미치는지 생각하도록 독려한다.

›› 서식지를 그려 주고, 옆 학생으로 하여금 그곳에

살고 있는 식물과 동물을 만들어 보도록 한다.
>> 이번에는 특정 형태를 가진 식물이나 동물을 만들어 보여 주고, 옆 학생으로 하여금 서식지를 그려 보도록 한다.
>> 팀별로 식물과 동물의 서식지를 만드는 작업을 해 본다. 서식지 사진이나 자신이 직접 그린 그림을 이용한다. 서식지에서 찾아야 하는 식물과 동물이 필요로 하는 자원은 무엇일까?

추후 활동
>> 학생들이 일사량, 온도, 습도, 토양 종류, 그 밖의 물리적 환경에 따라 서식지 사진을 분류해 보도록 격려한다.
>> 지구본이나 지도에서 다른 서식지의 위치를 찾아 보게 한다. 지리적 위치와 서식지 환경에는 어떤 관계가 있을까?
>> 학생들의 창작물을 이용하여 서식지와 그곳에서 살고 있는 식물과 동물의 입체 전시물을 만든다. 서식지는 각 동물과 식물이 필요로 하는 자원을 제공해 준다.

보리지

지렁이로 퇴비 만들기

이 프로그램은 Earth Steward Gardener 교육과정 중 Jessica Bean, Heather Russell, Kae Bosman-Clark의 '교실에서 지렁이로 퇴비 만들기'란 프로그램이다. Copyright ⓒ 2007 Cultivating Community, Portland, Maine

목표
퇴비 만들기에 대한 학생들의 이해를 돕기 위한 것으로, 반에서 지렁이를 이용한 퇴비 만들기 프로젝트를 도입한다. 학생들은 지렁이의 형태해부학뿐만 아니라 지렁이가 토양에 공기층을 만들어 준다는 것과 분해를 돕는다는 것을 배우게 될 것이다.

준비물
- 붉은 지렁이 450g(다른 정원사에게서 좀 얻을 수도 있을 것이다.)
- 나무 혹은 플라스틱 통
- 신문지
- 음식 찌꺼기
- 지렁이 해부 삽화

주요 개념
>> 퇴비를 만드는 것은 음식을 재활용하는 방법이다.
>> 지렁이를 이용하는 것은 음식 찌꺼기를 퇴비로 만들기 위한 방법이다.
>> 지렁이는 매주 건강하게 돌봐 줘야 하며, 그렇게 해야 좋은 퇴비를 만들 수 있다.

토 의

퇴비 만들기는 지렁이를 이용해 음식 찌꺼기와 그 밖의 물질을 부수어 퇴비를 만드는 과정이다. 음식이 썩으면 지렁이가 썩은 것을 먹고 배설물을 생산하는데, 이 배설물이 식물에게 훌륭한 비료가 된다.

질 문

Q: 재활용이란 무엇인가요?
A: 쓰레기에서 유용한 물질을 추출해 내거나 재활용하는 것을 말합니다.

Q: 실생활에서 재활용하고 있는 것에는 무엇이 있나요?
A: 종이, 유리, 금속, 플라스틱 등이 있지요.

Q: 음식 쓰레기를 재활용하는 것에 대해 어떻게 생각하나요? 어떻게 재활용할 수 있나요?
A: 좋은 생각입니다. 퇴비로 재활용할 수 있어요.

Q: 토양을 개선하기 위해 왜 퇴비를 만들어야 하나요?
A: 퇴비로 인해 토양이 건강하고 비옥해지니까요.

활 동

» 재활용으로서 퇴비 만들기 개념을 소개하면서 시작한다. 대부분의 학생들은 재활용 종이, 금속, 플라스틱에 친숙하지만, 음식 쓰레기의 재활용은 새로울 것이다. 퇴비 만들기는 건강한 토양에 대한 수업과 연결할 수 있다. 다른 종류의 퇴비에 대해 간단히 설명해 주는 것도 좋다. 예를 들면, 퇴비를 만드는 가장 일반적인 방법은 야외에 음식 쓰레기를 야적하는 것인데, 이 활동에서는 지렁이를 이용해 퇴비를 만드는 데 중점을 둘 것이다.

» 다음 단계는 지렁이 자체에 대해 토의하도록 지도하는 것이다. 지렁이를 반으로 자르면 두 마리를 얻을 수 있다는 잘못된 인식에 대해 설명하면서 시작하는 것도 좋은 방법이다. 반으로 잘라서 두 마리를 만들 수도 없을뿐더러, 이런 행동은 학대 행위로서 용납될 수 없다. 지렁이에도 두뇌, 심장, 신경계기관, 소화기관과 유사한 기관들이 있다는 것을 설명한다. 지렁이가 건강하게 살기 위해서 무엇이 필요한지 학생들에게 질문하라. 음식, 살 곳, 물, 공기가 살아 있는 생명체에게 필수적인 것들인데, 지렁이의 경우 마시는 물은 중요하지 않고, 숨을 쉬면서 가스를 교환하는 피부를 습하게 유지하는 것이 중요하다. 이는 사람의 폐와 비교해서 그릴 수 있는데, 막을 통과하면서 산소가 교환되기 위해 피부가 축축해야 한다.

» 각 반에서 통에 지렁이를 함께 모은다. 통 안에는 신문지를 채 썰어 담아 둔다. 그리고 음식 찌꺼기를 첨가한다. 이후에 신문지가 젖도록 통에 물을 뿌려 준다. 그다음에 지렁이와 신문지를 더 넣어 준다. 지렁이가 습하게 유지되고 산소를 공급받을 수 있도록 구멍을 뚫은 뚜껑을 덮어 준다. 통의 바닥에는 배수 구멍을 뚫어 주고, 아래에 받침대를 해 주는 것이 도움이 된다. 지렁이가 음식물을 분해하는 과정에서 양분이 풍부한 액체가 나오며 식물에 뿌려 줄 수 있다. 첫날, 밤새도록 불을 켜 두면 지렁이가 통에서 나오지 않고 음식을 찾아 통 안에 머무르게 된다.

» 지렁이는 규칙적으로 먹이를 주어야 하며, 지렁이가 먹지 않은 음식은 통 안에서 썩어 해충이 들끓

다양한 종류의 상추

게 되므로 먹이를 지나치게 많이 주지 않도록 한다. 습도도 주기적으로 관리해 준다. 3~4일마다 지렁이를 체크한다. 퇴비를 만드는 과정은 지렁이 수, 지렁이의 건강 상태, 환경에 따라 달라진다.

통 관리 방법

일주일에 한 번 통 안의 습도와 먹이를 체크한다. 지렁이가 좋아하는 음식은 과일, 채소, 소량의 빵, 말려서 잘게 부순 달걀 껍질 등이다. 오렌지 껍질, 양파, 브로콜리, 육류, 유제품, 기름진 음식은 지렁이가 먹지 않는다.

더 상세한 내용과 수업 계획을 위해서 Elizabeth Patten과 Kathy Lyons의 『건강한 토양에서 건강한 음식이(Healthy Foods from Healthy Soils)』(Tilbury House, 2003)와 Binet Payne의 『지렁이 카페: 지렁이 퇴비 만들기 교육과정 가이드(The Worm Cafe: A Worm Composting Curriculum Guide)』(Flower Press, 1999)를 참고하라.

한 여학생이 식물이 자란 정도를 측정하고 있다.

봄

땅이 부족해요

이 프로그램은 캘리포니아 주 Sonoma County의 Bouverie Audubon Preserve의 관리자 핸드북인 'Each a Teacher'를 참고로 샌프란시스코 녹색학교운동장연합에서 만든 프로그램이다.

목표
우리가 먹을 것과 입을 것을 생산할 수 있는 땅이 부족하다는 것을 분명하게 보여 준다.

준비물
v 사과 하나
v 칼

활동
우리가 먹는 음식의 재료인 식물들은 어디서 자라는 걸까? 사과를 지구라고 생각해 보자. 사과를 4등분으로 나눈다. 학생들에게 "이 지구에 우리가 먹을 것을 기를 수 있는 곳이 얼마나 될까요?"라고 질문한다. 사과 3/4을 한쪽으로 치워 둔다. 그것이 지구에서 물이 차지하고 있는 부분이라고 설명한다. 이제 사과 1/4만 남아 있다. 그것을 다시 반으로 나눈다. 그중 하나는 산악지대로서, 너무 춥거나 덥고 건조해서 음식을 기를 수 없는 땅이라고 설명한다. 이제는 사과의 1/8만 남았다. 1/8조각을 다시 4등분한다. 4조각 중 3개에 해당하는 지구는 이미 도시와 고속도로로 덮어 버렸다고 설명한다. 작은 조각이 남았으며, 이 작은 땅에서 수십억 인구를 먹일 음식과 옷을 생산해야 한다. 작은 조각을 손에 쥐고 모두에게 얼마나 작은지를 보여 준다.

토의
우리의 땅을 돌보는 것이 중요하다는 것을 강조한다. 우리의 작은 땅, 학교를 잘 관리하고 있는가? 토양과 수질을 오염시키는 살충제와 다른 화학비료의 사용을 방지한다. 우리 화단에 퇴비를 첨가하고 토양에 생명체가 번성하도록 유지한다. 우리는 먹을거리를 재배하기 위해 지역 식품 저장고와 비옥한 토양을 공유할 수 있다.

식물 성장 그래프 만들기

이 프로그램은 샌프란시스코 녹색학교운동장연합의 프로그램이다.

설명
학생들이 이번 학기 동안 잠두콩의 성장을 설명하는 그래프를 만들도록 한다.

목표
잠두콩이 시간에 따라 얼마나 변했는지 그래프로 표현할 수 있으며, 그래프로 알 수 있는 내용에 대해 설명한다. 이 활동을 통해 관찰력과 시간에 대한 개념을 발달시킨다.

준비물
- ✓ 잠두 유묘(오랜 기간 튼튼하게 생장하는 식물로 완두콩 같은 다른 식물도 사용 가능하다.)
- ✓ 커다란 그래프용지(또는 대형판에 직접 만든 그래프)
- ✓ 색상 마커 1개
- ✓ 검정 마커 1개
- ✓ 직선 자
- ✓ 긴 나무 막대 또는 나뭇조각
- ✓ 아이스크림 막대(학생 수만큼 준비)
- ✓ 줄자(학생 수만큼 준비)
- ✓ 저널
- ✓ 연필

시작하기
>> 이 활동을 위해 여러 개의 발아한 잠두 식물 혹은 완두콩처럼 시간을 두고 건강하게 성장하는 것을 볼 수 있는 식물 유묘를 준비한다. 반 학생들이 어떻게 활동에 참여하기를 원하는지에 따라 학생 한 명당 식물체를 하나씩 주거나 둘씩 짝지은 팀별로 식물체를 줄 수 있으며, 이에 따라 필요한 식물체 수도 정해진다. 교실에서 할 경우 화분에 심어 관찰할 수 있으며, 야외에서 할 경우 화단에 심도록 한다. 잠두콩은 7~14일이면 발아하므로 당신이 이 활동을 시작하기 전에 묘목이 최소한 2cm 정도 되기를 바란다면 적어도 일주일 전에 종자를 심도록 한다.

>> 당신은 수업에서 잠두콩의 성장을 그래프로 나타낼 것이다. 식물 옆에 나무 막대를 꽂아 두고 식물의 키를 마커를 이용해 표시해 준다. 일주일마다 규칙적으로 표시하면 식물이 성장하는 것을 관찰할 수 있다.

토의
학생들이 어떤 식물이 자랐는지를 알고 있는지 질문하라. 뭔가 변했다고 어떻게 확신할 수 있을까? 잠두콩의 성장 혹은 부패의 진행을 어떻게 유지할 수 있을까? 측정하는 과정과 원리, 데이터 수집과 분석 이론에 대해 토론하고, 잠두콩의 성장을 관찰하는 데 이러한 이론을 어떻게 적용할 것인가에 대해 토의하라. 학생들에게 잠두콩이 성숙하는 데 얼마나 시간이 소요되는지를 확인했는지 질문하라(학생들은 종자 봉투를 찾아보거나 원예 책 또는 웹사이트를 조사할 수 있다). 그리고 나서 식물의 성장을 측정하는 기간을 정하여 달력에 표시하도록 한다.

활동
>> 판에 커다란 그래프용지를 붙이고, 검정 마커로 X축과 Y축을 그린다. X축에는 '시간(날짜)'이라고 적고 Y축에는 cm 단위로 '길이'라고 적는다. 학생들이 화단에서 측정하려는 새로 발아한 식물 옆에 기다란 나무 막대를 꽂아 둔다.

>> 학생들에게 그래프를 훑어보게 한다. 시간과 길이 같이 X축과 Y축의 차이점을 설명한다. 화단에서 나무 막대를 보여 주고, 매주 나무 막대에 식물의 끝을 표시하고 식물 길이를 측정하는 방법을 보여 준다. 매주 당신은 마커로 식물의 길이와 날짜에 점을 찍을 것이다. 이렇게 측정한 점들을 선으로 연결하면 식물이 빨리 자라는지, 천천히 자라는지를 알 수 있다.

›› 당신이 측정을 마쳤을 때 그래프는 어떤 모습인가? 선의 모습은 어떠한가? 그래프를 보고 무엇을 설명할 수 있는가? 선이 내려갔는가? 그것은 무슨 의미인가?

›› 한 달 혹은 선생님이 결정한 기간 동안 각 학생이 혹은 짝지은 학생들이 관찰할 잠두콩을 선택하게 하라.

›› 학생들이 아이스크림 막대에 자신의 이름을 적고 선택한 식물 옆에 꽂아 두도록 한다. 매주 학생들이 자신의 식물 길이를 측정하고, 그래프용지에 값을 기록하도록 한다. 측정이 끝난 뒤에 그 결과를 그래프로 만들 수 있으며, 수업 시간에 발견한 내용을 발표할 수 있다.

지역 농장 방문하기

Earth Steward Gardener 교육과정에서 Jessica Bean, Heather Russell, Kae Bosman-Clark 등의 프로그램을 적용하였다. Copyright © 2007 Cultivating Community, Portland, Maine

목표
식품의 근원은 어디서 오는지, 계절적 변동 등 지역 농업 시스템과 농부란 직업에 대해 인식하게 한다.

시작하기
›› 학생들이 인터뷰를 준비하도록 한다. 다음과 같은 질문 목록을 제공한다. 학생들은 서로 모의 인터뷰를 통해 질문을 연습하도록 한다. 학생들은 질문을 분명하게 표현하고, 관련된 질문을 적절하게 할 수 있고, 결과를 기록하고, 대화 전개에 대응할 수 있어야만 한다.

›› 모의 인터뷰에서 여러분의 파트너가 여러분의 의견에 동의하였듯이 농부들과 솔직하게 대화하라. 학생들은 인터뷰에서 기대하는 것에 대해 잘 알고 있어야 하며, 진행 과정에서 학생들의 아이디어와 독특한 시각을 자유롭게 말할 수 있을 만큼 편안하게 느껴야 한다.

›› 학생들의 인터뷰를 전시, 비디오 프로젝트, 신문 기사 혹은 다른 매체 등 대중 매체를 통해 일반인에게 알릴 계획을 세워라.

인터뷰 질문
›› 당신은 어떤 종류의 농부입니까? 당신이 생산한 것을 팝니까?

›› 어떻게 농업에 관심을 갖게 되었습니까?

›› 농장은 얼마나 오래되었습니까? 농장의 역사에 대해 설명해 주세요.

›› 농장에서 당신의 하루 일과는? 몇 시간이나 일하십니까?

›› 농장에서 가장 좋아하는 일은 무엇입니까? 당신을 어렵게 하는 것은 무엇입니까?

›› 한 해의 생산량과 판매량은 얼마나 됩니까? 생산물을 어디에 혹은 누구에게 팝니까?

›› 생산물을 기르고 수확하기 위해 어떤 종류의 일을 해야 합니까?

›› 지난 수년간 농업이 어떻게 변했다고 생각하십니까?

›› 농업이 왜 중요하다고 생각하십니까?

›› 오늘날 농업의 가장 큰 어려움은 무엇입니까?

›› 농장에 어떤 종류의 과학기술을 이용하고 있습니

까? 있다면 어떤 방식입니까?
>> 어떤 종류의 영농체계 혹은 영농조합에 속해 있습니까?

>> 여가시간에는 무엇을 하십니까? 취미는 무엇입니까?

전 학기

정원에서 물건을 찾아라

이 프로그램은 샌프란시스코 녹색학교운동장연합의 프로그램이다.

목표
정원을 탐색하고 관찰하기

시작하기
물건 찾기 게임은 학생들이 좋아하는 활동이며, 정원에 대한 지식과 지역의 지리학이나 식물학 같은 관련 주제에 대해 빠르게 테스트하기에 좋은 방법이다. 다음은 물건 찾기 게임 동안에 물어볼 만한 질문의 예다. 모든 정원이 다르므로, 당신의 환경에 맞게 변형하여 사용하라.

활동
>> 정원에서 물과 관련된 서식지를 찾아 그곳에 살고 있는 생물 세 가지를 적어라.

① _____
② _____
③ _____

>> 정원에 열매가 열리는 나무가 있는가? 있다면 무슨 나무인가? 어떤 열매가 열리는가?
>> 정원의 북동쪽 방향에서 어떤 주요 지형지물을 볼 수 있는가?
>> 뽕나무(오디나무)가 어디에 있는지 찾아라. 나무가 몇 그루 있는가? 뽕나무 잎은 누가 먹는가? 무엇을 만들어 내는가?
>> 노란색 꽃을 찾아라.
   (이름 : _____)을 그려 보라.
>> 정원에서 기르고 있는 채소 세 가지를 찾아 이름을 적어라.

① _____
② _____
③ _____

>> 정원의 남쪽에 접한 도로의 이름은 무엇인가?
>> 정원의 동쪽에 접한 도로의 이름은 무엇인가?
>> 정원 활동 저널에 정원의 지도를 그리고 방위를 표시하라. 지도에 화단, 연못, 공구 창고, 의자, 울타리, 나무를 표시하라.
>> 강수량을 확인하라. 최근에 비가 얼마나 왔는가? _____ mm
>> 강수량으로 우리 지역과 계절에 대해 무슨 이야기를 하는가?

오염 수프(pollution soup)

이 프로그램은 캘리포니아 리치몬드의 The Watershed Project 프로그램이다.

목표

우리 활동이 어떻게 도시를 오염시키고 강과 바다의 수질에 영향을 미치는지 이해하도록 한다. 학생들은 인간의 연합된 활동이 어떻게 수질에 축적된 영향을 미치는지 설명할 수 있다.

설명

강 유역을 표현하기 위해 물이 담긴 병을 사용하고, 학생들이 도시에 내린 비가 씻겨 내려갔을 때의 영향과 불특정한 오염원을 표현하기 위해 물질을 첨가한다.

준비물

- 깨끗한 물을 채운 크고 투명한 통
- '오염물질'을 담은 10개의 작은 통(요거트 통이 적당하다.)
- 작은 통에 담을 '오염물질'(다음의 '활동 준비하기'를 참고하라.)

주요 개념

불특정한 오염원은 일반 가정과 정원에서 잘못 사용하거나 부적절하게 처리한 개인들의 행동이 결합되어 야기되는 것이다.

배경지식

학교와 가정에서의 우리의 행동이 우리의 강과 수로에 환경적 오염을 일으킬 수 있다. 우리의 강을 건강하게 지키기 위해 우리가 한 행동의 영향과 행동을 바꾸는 방법에 대해 배워야 한다.

많은 사람들이 수질오염의 대부분이 커다란 산업체와 농업에 의해 야기된다고 생각한다. 이런 종류의 오염은 특정한 오염원을 찾을 수 있기 때문에 특정 오염원이라 한다. 그러나 실제로 수질오염의 가장 큰 원인은 가정, 정원, 도심지 도로 주변으로 위험한 가정용품을 오용하고, 버리고, 폐기하는 개개인의 행동의 결합 때문이다. 이것은 한 장소에서 오염원을 찾을 수 없기 때문에 '불특정 오염원'이라고 이야기한다.

부동액, 오일, 살충제, 살균제, 제초제, 가정세제, 비료, 페인트, 타이어에서 나오는 고무 먼지 등이 우리의 정원, 거리, 주차장에서 씻겨 나와 오염원이 되는 것이다. 이러한 오염수는 홈통으로 흘러들어 빗물을 따라 배수관으로 사라지며, 강으로 흘러들어 결국에는 정화되지 못한 채 수로로 흘러 들어간다.

시작하기

다음과 같이 통에 이름을 붙이고, 해당하는 '오염물질'을 채운다.

- 지구: 먼지와 바위
- 자연: 잎과 나뭇가지
- 쓰레기: 여러 종류의 포장지, 담배꽁초 등
- 오래된 차 소유주: 자동차 오일을 표현하는 당밀이나 시럽
- 새 차 소유주: 액체 비누와 물
- 평균적인 차 소유주: 동전과 고무줄
- 주택 소유주: 페인트

- 애완동물 소유주: 애완동물 쓰레기를 표현하는 초콜릿으로 뒤덮인 건포도
- 정원사: 비료를 표현하는 물과 녹색 식용색소
- 산업폐기물: 산업체에서 흘러나오는 물질을 표현하는 간장과 물(가능하면 뜨거운 물을 사용하라.)

활동

» 모든 사람이 볼 수 있는 장소에 분수계(커다란 투명한 통)를 놓아둔다. 집 근처에 바다나 호수가 있는지 물어보고, 그곳에서 수영할 생각이 있는지 질문하라. 그곳에서 낚시를 할 생각이 있는가? 그 물을 먹을 생각이 있는가?

» 오염물질이라고 생각하는 것들의 목록을 정리하고 자유롭게 토론하라. 학생들이 왜 이것들이 환경에 위험하다고 생각하는지 토론하게 하라. 학생들에게 분수계에 이들 물질을 넣으면 어떻게 되리라 생각하는지 질문하라.

» 반을 10개 그룹으로 나누어 각 그룹에 하나의 오염원을 주도록 한다. 학생들에게 다양한 통을 나눠 준다. 각 그룹의 통에 잠재적 오염원을 첨가할 수 있다고 설명한다.

» 학생들을 그룹별로 소집하고, 통에 든 물질을 '강 유역'에 버리기 전에 무엇이 있는지 설명하게 하라.

» 다음과 같이 분류한 주제와 질문을 사용하여 첨가된 각 오염물질에 대해 토론한다. 질문에 대한 답은 고딕체로 기록하였다. 고학년생들의 경우에는 다음의 정보를 알려 주고 학생들이 서로 질의응답하도록 유도한다.

지구

비가 심하게 내린다고 상상해 보라. 모래, 먼지, 자갈 등이 건설 현장에서 쓸려 나와 거리를 따라 배수관으로 흘러 들어간다. 이 물질들은 강에 도착하게 된다. 여전히 당신은 이 물에서 수영하고, 낚시하고, 마시고 싶은가? 모든 쓰레기 잔해는 어떻게 강에 영향을 미치는가?

물속의 침전물은 수중식물이 이용할 수 있는 빛의 양을 줄이거나, 강의 표면 온도를 증가시키거나, 물고기와 물고기 알을 질식시켜 죽이거나, 오염물질을 방출하여 먹이사슬에 영향을 미칠 수 있다.

자연

나뭇잎과 다른 자연 잔해들이 배수관으로 흘러 들어갈 수 있다. 이들 자연 물질이 강 유역을 어떻게 오염시키는가?

포장된 도로와 주차장은 분해되어 토양으로 돌아가는 유기물질이 아니며, 수로에 축적된다. 너무 많은 잔해물은 물고기의 이동과 물의 흐름을 방해하며, 분해하는 과정에서 산소를 소비하여 수생생물이 이용할 산소가 감소하게 된다.

쓰레기

쓰레기는 우리가 볼 수 없는 강까지 어떻게 도달하는가? 이는 강의 건강에 어떤 영향을 미치는가?

빗물 배수관 시스템에 의해 쓰레기는 멀리 강과 수로로 씻겨 나간다. 플라스틱, 알루미늄, 기타 인간이 버린 쓰레기는 쉽게 분해되지 않거나, 수생생물에게 독성인 물질을 포함한다. 이 물에서 여전히 수영하고, 낚시하고, 마시고

싶은가?

오래된 차 소유주

차에서 나올 수 있는 위험한 물질에는 어떤 종류가 있는가?

브레이크에서 구리와 석면, 타이어에서 고무, 엔진오일 등은 자동차 및 사회의 부산물이다. 엔진오일 4.5리터는 1,125,000리터의 물을 오염시킨다. 엔진오일은 탄화수소와 금속을 포함하며, 인간과 야생생물의 건강을 위협한다. 오일은 물 표면에 얇은 필름을 형성하여 수생동물을 질식시켜 죽이고, 새 깃털에 오일이 묻으면 깃털로 몸을 따뜻하게 유지하거나 건조시키지 못하며 날지도 못하게 한다. 부동액은 독성물질인 에틸렌글리콜이 들어 있다.

새 차 소유주

당신이 멋진 색상의 새 차를 가지고 있다면 어떻게 할 것 같은가? 차를 세차할 때 사용한 물에는 무엇이 함께 흘러나올까? 이렇게 세차한 물은 어디로 갈까? 도로에서 세차하는 것과 부엌 싱크대에서 설거지하는 것이 왜 다를까?

가정에서 배수로를 따라 내려오는 비누, 클렌저, 먼지는 바다로 나가기 전에 정수처리장을 거쳐 간다. 그러나 만약 당신이 차도 또는 거리에서 자동차 세차를 한다면 비눗물이 빗물 배수관을 따라 강으로 흘러 들어가기 때문에 정수 처리가 되지 못한다. 인산염, 세제, 청정제 등은 조류 생장을 촉진하고, 수생생물을 완전히 죽일 수 있다.

평균적인 차 소유주

동전과 고무줄이 표현하는 것은 무엇일까?

교통수단은 도심지에 흐르는 빗물의 오염에 가장 큰 원인 제공자일 것이다. 교통수단은 주로 구리, 납, 카드뮴, 크롬으로 이루어져 있으며, 인간과 수생생물 모두에게 독성이 있다. 브레이크 패드와 타이어는 바로 도로에 닿는 부위이며, 금속과 다른 오염원들은 빗물 배수관 시스템을 통해 매우 효율적으로 이동되어 강과 수로에 닿게 될 것이다.

주택 소유주

이 통은 무엇으로 채워져 있는가? 주택 소유주의 어떤 활동이 오염을 일으키는가?

통에는 페인트가 채워져 있다. 페인트에 사용하는 용매는 독성이 있으며, 인화성 물질이다. 색상은 중금속을 함유하고 있으며, 많은 페인트들은 곰팡이의 생장을 억제하기 위한 살균제를 함유하고 있다. 남은 페인트를 빗물 배수관에 버리거나 사용한 붓과 롤러를 밖에서 세척한다면 강 유역은 오염된다.

애완동물 소유주

애완동물에서 나온 쓰레기는 어떻게 강으로 흘러 들어가는가? 애완동물이나 사람들의 쓰레기는 어떤 영향을 미치는가?

애완동물의 배설물을 처리하지 않는 주인들은 배설물과 함께 박테리아와 기생충이 강 유역으로 흘러 들어가게 하는 것이다. 분변계 대장균과 E.coli 박테리아로 오염된 물은 마시거나 수영하기에 안전하지 못하다.

정원사

우리의 정원과 조경에 이용되는 물건이 얼마나 많은지 생각해 보았는가? 식물에 이용하였는데, 어떻게 강

온도 변화는 수생생물을 죽이는 결과를 낳는다.

후속 활동

>> 분수계 통을 모두가 볼 수 있도록 배치한다. 이러한 설명에서 배울 수 있는 내용에 대해 토론한다. '특정 오염원'과 '불특정 오염원'이란 용어에 대해서 환경 과학자들이 생각하는 바에 대해 설명한다. 불특정 오염원은 일정한 장소에서 비롯되는 것이 아니라, 여러 가지 원인에서 비롯된 축적물이다. 앞에서 말한 오염원 중 한 가지를 제외하고 모두 불특정 오염원으로 생각되며, 이 경우에는 도심지로 흘러넘친다(농업 유거수는 또 다른 불특정 오염원이다). 어떤 것이 일반적인 특정 오염원인지 알 수 있는가? 바로 산업폐기물이다. 각 물질이 특정 오염원이라고 주장할 수 있는 반면, 빗물 배수관 시스템을 통해 많은 지역에서 강과 수로로 몰려드는 것은 종합적으로 불특정 오염원이라 할 수 있다.

>> 어린 학생들에게는 건강한 강 유역의 그림을 그리도록 한다.

>> 고학년생들에게는 우리 지역사회의 도심지 유거수 오염에 대해 글을 쓰도록 한다. 학생들이 창작문이나 수필의 형식을 선택하도록 한다.

토의 주제

>> 통 안에 들어 있는 강 유역에 대해 설명하라. 이 물이 마시기에 안전한가? 수영하기에 안전한가? 야생동물에게 안전한가?

>> 이들 오염물질이 어떻게 강과 수로로 흘러 들어갈 수 있는가?

정원에 물 주기

으로 흘러가는 것일까?

살충제, 제초제, 비료 등은 위험한 화학물질을 포함하고 있으며, 정원에서 일반적으로 사용하는 제품들이다. 이들 제품은 관수 또는 빗물에 씻겨 내려가 강과 바다로 흘러간다. 살충제와 제초제의 재료는 수생생물에게 독성이 있다. 비료 성분은 조류 생장을 야기하여 수중 산소를 소비함으로써 수생생물이 질식사하게 만든다.

산업폐기물

가정에서 나오는 쓰레기와 산업폐기물은 어떻게 다른가?

가정 오염보다 산업 오염에 대한 규제가 더 많은 반면, 몇몇 산업체에서 불법적으로 독성 폐기물을 버리거나 강과 수로로 뜨거운 물을 그대로 흘려 버린다. 산업체에서 나온 독성물질은 생활 폐수만큼이나 위험하며, 뜨거운 물에 의한

- 〉〉 물이 오염되는 것은 누구에게 책임이 있는가?
- 〉〉 여러분이 알고 있었던 오염원은 무엇인가? 여러분이 알지 못했던 오염원은 무엇인가?
- 〉〉 여러분과 여러분 가족이 오염을 일으키는 활동에는 어떤 것이 있는가?
- 〉〉 물을 깨끗이 정수할 책임이 있는 사람은 누구인가?
- 〉〉 개인이 불특정 오염원의 문제를 줄일 수 있는 방법은 무엇인가?

확장하기
- 〉〉 여러 종류의 '정화' 재료(커피 필터, 어망, 숟가락, 철망, 거즈, 깔때기, 종이타월, 자갈, 숯 등)를 제공하고, 이 재료를 이용하여 물에서 불순물을 걸러 내도록 요청한다.

- 〉〉 학교 주변을 걸어 다니며 빗물 배수관과 오염물질을 찾아본다.
- 〉〉 지역의 강으로 현장학습을 가서 빗물 배수관 유출 파이프와 다른 오염원을 찾아본다. 강이 건강한지에 대한 시각 자료를 조사한다.
- 〉〉 지역 하수처리장으로 현장학습을 간다.
- 〉〉 활동에 사용하거나 수업 시간에 보여 준 오염원에 대해 상세히 조사하도록 한다.

새로운 새 둥지를 발견하다.
Photo by Stephanie Ma

10 학교정원에서의 10년

캘리포니아 주 샌프란시스코
Alice Fong Yu 대안학교

학교정원 프로젝트가 시간이 지남에 따라 아이디어 단계에서 도심 내 학교의 활기찬 프로그램으로 성숙해 가는 변화 속에서 많은 이야기들이 있었다. 샌프란시스코의 Alice Fong Yu 대안학교의 창립자이자 첫 번째 정원 코디네이터로서 처음부터 우리는 독특한 시각을 가지고 학교정원을 키워 나가고자 하였다. 이 장에서는

L 학생들이 정원에서 간식을 먹으며 축하하고 있다.

R 정원 표지판에 한자와 영어를 함께 사용하였다.

한 학교에서 10년간의 도전과 성공을 통해 시간이 지남에 따라 정원 프로그램이 활기차게 변화하며 유지되는 과정을 보여 주기도 한다.

아덴(Arden): 창립자 학부모의 의견

Alice Fong Yu 대안학교 정원 프로그램은 샌프란시스코의 이너 선셋 지역의 바람 부는 모래언덕에 조그만 채소밭으로 시작하였다. 지난 12년 동안 정원은 태양열 에너지 펌프, 야생식물 구역, 방대한 양의 채소 화단, 다양한 퇴비 시스템, 연못 등을 갖추며 성장하였다. 이러한 환경은 어린 학생들이 자신들의 세계를 이해하는 데 도움이 되었다. Alice Fong Yu는 중국어 몰입교육을 하는 첫 번째 공립학교다. 원래는 유치원생과 초등학생들이 다니는 낡고 오래된 벽돌 건물의 학교였는데, 장애가 있는 학생들도 다닐 수 있도록 개조하면서 중학교 과정을 포함하는 학교로 확장되었다.

교장 선생님은 뒤에서 학교의 복잡한 일들을 관리한다. 몰입 프로그램은 이웃 학교의 한 부분으로 시작하였으나, 빠르게 견인차 역할을 하여 자신의 자리를 찾았다. 교장 선생님은 미국계 중국인인데, 홍콩의 콘크리트 숲에서 태어나 10대일 때

가족들이 미국으로 이민 왔으며, UC 버클리 대학에서 환경학을 공부하였다. 그녀는 의사결정이 정확하며, 한편으로 새로운 아이디어에 항상 열려 있었다.

종교와 인종이 다른 Alice Fong Yu 학생들은 교실에서는 오로지 광둥어로만 말하는 선생님과 함께 유치원을 시작한다. 9월이 끝날 무렵 유치원생들은 중국어로 노래하고, 수를 셀 수 있으며, 한자를 쓰고, 짧은 연극을 한다. 영문학 수업도 진행하는데, 학생들이 초등학교를 졸업할 때면 광둥어를 잘할 수 있고, 영어는 평균 이상이며, 중학교에서 공식 중국어를 공부할 수 있는 수준이 된다. 10년이라는 짧은 시간에 Alice Fong Yu 대안학교는 샌프란시스코의 가장 훌륭한 학교 순위에 올랐다.

교실 안에서의 엄격한 수업과 정원에서의 자유로운 활동에는 특별한 것이 있어서 Alice Fong Yu 학생들에게 고유의 시너지 효과를 주고 있다. 학생들은 교실에 조용히 앉아서 공부하는 법을 배울 뿐만 아니라 감자를 수확하기 위해 팔꿈치에 흙을 묻혀 가며 땅을 파는 방법도 배우고 있다.

내가 유치원생 학부모였을 때, 학생들이 운동장에서 뛰어놀 기회가 부족하다는 사실에 놀랐던 기억이 있다. 약 2,000m²(약 600평)의 아스팔트 포장에 빛바랜 줄이 그어져 있고, 낡은 농구 골대가 있었으며, 공 맞추기에 적당한 긴 담벼락이 있는 전형적인 운동장이었다. 놀이기구가 설치되기는 했으나, 운동장은 여전히 바람이 불고 춥거나 덥고 햇빛이 반사되어 눈이 부신 곳이었다.

운동장 너머 가파른 모래 경사는 완전히 텅 빈 모래언덕으로 도심지 한 블록의 반 정도 되는 크기였다. 몇몇 이웃들만이 그 모래언덕에 관심을 가졌으며, 다른 이들은 자동차 문짝, 폐건전지, 죽은 고양이를 내다 버렸다. 봄에는 모래언덕에 잔디가 뒤덮이지만, 여름이 되면 갈색으로 말라 죽었다. 많은 사람들이 개를 데리고 산책을 하지만 개들의 배설물을 치우지는 않았다. 방치되어 있던 이런 도시 공간은 다양한 생명체들에게 공간을 제공하였다. 곤충을 찾아 풀밭에 숨어 있는 들종다리, 땅다람쥐를 찾아 덤벼드는 고양이, 모래언덕을 깊게 파고 들어가 이동하는 땅다람쥐, 노래하는 새를 유심히 살피는 참매, 햇빛 아래 앉아 있는 이웃들, 귀뚜라미를 먹고 있는 황조롱이를 볼 수 있다. 샌프란시스코 동물원 관리자도 가끔씩 코알라에게 줄 유칼립투스 가지를 꺾으러 모래언덕을 찾아왔다.

나는 이 모래언덕이 우리 학교 땅임을 알게 되었고, 수도꼭지 같은 기본적인 수도시설이 있음을 확인하였다. 이러한 정보를 가지고 교장 선생님을 만나 학교에 큰 규모의 정원을 제안하였다. 그 당시 학교가 새로 시작하여 프로그램이 많지 않았

야외 수업은 종종 중앙 테이블에 둘러앉아 진행된다. Photo by Stephanie Ma

고, 정원 조성 제안은 학생들에게 야외 학습을 경험시키기에 좋은 방법으로 받아들여졌다. 학부모협회로부터 500달러의 적은 금액을 지원받아 목재와 울타리 재료를 구입하였다. 새로운 학교 일에 참여하고자 하는 학부모들이 올 수 있도록 일하는 날(봉사하는 날)을 정하였다. 봉사하는 첫날 우리는 높인 재배상과 울타리를 설치하고, 화단에 토양을 채워 시작할 준비를 하였다. 우리가 정확히 무엇을 시작하려는지는 분명하지 않았다. 어떤 계획도 없었고, 새로운 정원을 어떻게 사용할지에 대한 비전도 없었다. 선생님들도 어떻게 정원을 이용하여 학생들을 가르칠지 몰랐다.

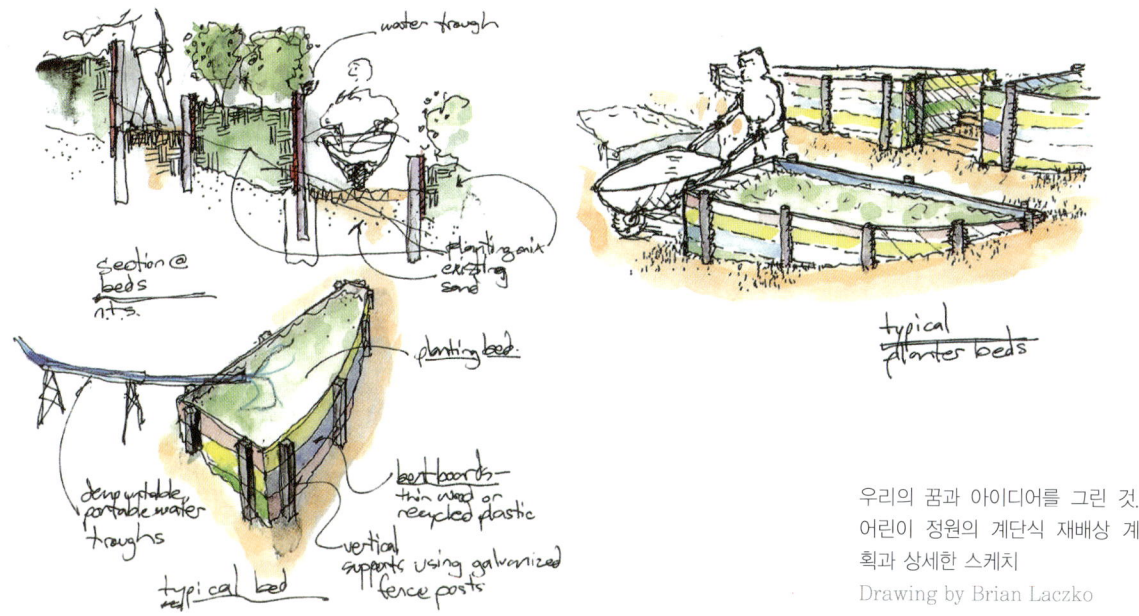

우리의 꿈과 아이디어를 그린 것. 어린이 정원의 계단식 재배상 계획과 상세한 스케치
Drawing by Brian Laczko

  선생님들 대부분은 홍콩에서 자랐고, 야외에서 아이들과 노는 방법에 대해 알지 못했다. 많은 선생님들이 처음 정원에 왔을 때 우아한 하이힐을 신고 있었던 것이 그 증거다(나는 하이힐이 흙 속으로 들어가는 것을 보면서 "토양은 공기 순환에 좋아요."라고 나지막이 중얼거렸다). 교장 선생님은 내 옆으로 와서는 몇 천 달러의 적은 급료를 제시하며 정원 수업을 해 줄 것과 같이 일할 것을 제안하였고, 나는 바로 시작했다. 그 첫해에는 시도와 실수투성이였다. 나는 아들이 셋이 있어서 아이들을 잘 이해하는 편이었지만, 정원에서 많은 수의 아이들을 데리고 수업을 하는 것은 매우 어려운 일이었다. 교장 선생님이 옆에서 도와주었으며, 프로젝트에 대한 그녀의 신념이 이 일을 계속할 수 있도록 이끌어 주었다. 나는 다른 학교에서 이와 비슷한 프로젝트와 프로그램을 찾아볼 수 없었다.

  이러한 도전과 함께 시작된 첫해 프로그램은 훌륭했다. 학생들은 정원에 열광하였다. 정원에서 식물을 심고, 기르고, 수확하고, 먹고, 잡초를 제거하고, 벌레를 찾아보면서, 모래언덕이란 집에 살고 있는 모든 생명체들을 알게 되었다. 선생님들도 정원을 사랑하였다. 아이들이 얼마나 야외활동을 좋아하며, 정원에서 얼마나 행복해하는지를, 정원에서 시간을 보내고 교실에 들어가면 훨씬 더 수업에 집중한다는 것을 알게 되었다. 학부모들도 정원을 사랑하였고, 재정적으로 지원하기 시작했으며, 정원에 그들의 시간과 노력을 기꺼이 투자하였다. 시간이 지나면서 정원은 점점 더 형태를 갖추었으며, 진짜 교실과 같이 변해 갔다. 우리는 학부모들에게 삼나무 줄기를 잘라 20개의 둥근 의자를 만들어 줄 것을 요청하였으며, 야외 교실을 만들었다. 선생님이 사용할 벽에 칠판을 달고, 학생용 클립보드와 공구 창고를 구입하였다. 매년 정부 보조금이 증가하여 더 많은 프로그램을 지원하였다.

우리는 정원을 수업에 더욱 많이 활용하는 방안을 꾸준히 찾았으며, 학교는 점점 더 유명해졌고, 조기에 중국어를 가르치고 싶어 하는 많은 학부모들이 학교를 찾아왔다.

정원은 취약한 상태였다. 학교는 정확히 정원 공간 안으로 확장되어 갔다. 정원 프로그램이 몇 년간 쉬었다면 다시 시작할 수 있을까? 다행히 골든게이트 공원에 있는 샌프란시스코 보태니컬 가든에서 공립학교 시스템과 관계를 돈독히 할 방법을 찾고 있었으며, Alice Fong Yu 학생들은 완벽한 선구자적 가드너였다. 학생들은 매주 학교정원으로 향하기보다, 각 학년별로 한 학기에 두 번 근처 보태니컬 가든으로 산책을 가서 어린이 정원에서 오전 내내 작업하였다. 우리는 교육과정에 맞추어 학년별로 적절한 설명을 하고, 보태니컬 가든에서 어린이 프로그램을 계획할 수 있도록 수정하였다. 지도사들은 우리 학생들이 이미 가지고 있는 환경, 일반 식물학, 식물에 대한 관리 지식이 많은 것에 깊은 인상을 받았다. 우리는 2년간 보태니컬 가든의 자원 덕분에 정원 프로그램을 보다 포괄적인 환경교육 프로그램으로 확장할 수 있었다. 67,000평(55 acre) 정도의 샌프란시스코 중앙에 위치한 공공정원에서 학생들은 미국 삼나무 숲과 참나무 대초원을 방문할 수 있었고, 바위에 도토리를 올려놓고 갈아 보았으며, 캘리포니아 지역의 야생화를 만나고, 채소 정원을 관리할 수 있었다.

그동안 우리는 Alice Fong Yu에서 새로운 정원 장소를 제의받았는데, 성숙한 나무들이 몇 그루 서 있는 모래언덕 꼭대기에서 북서쪽의 가파른 경사지였다. 우리는 그 지역의 진가를 알아보았고, 새로운 정원 장소로 정하고 울타리를 쳤다. 문제는 경사지를 어떻게 이용하여 교육용 정원으로 변모시킬 것인가였다.

분명히 우리의 관심과 참여가 증가하였다. 이제 우리는 의욕이 넘치면서 다양한 기술을 가진 사람들로 이루어진 정원위원회를 설립하였다. 우리 위원 중에는 보조금 작성을 돕는 사람, 굴착기 사용법을 알려 주는 사람, 우리에게 건축에 대해서 설명해 주어 매우 경사진 장소를 잘 활용할 수 있도록 이해를 돕는 사람 등 다양하였다. 위원회는 다른 지역 학교정원을 견학하였고, 우리는 분명한 목적과 목표를 가지고 있었다. 우리는 종종 계획을 세우고, 그림을 그릴 설계자를 고용하거나, 학부모협의회, 교장 선생님과 선생님들에게 사안들을 보고하였다. 나는 다소 경험이 있는 정원 코디네이터로서 정원에서 필요한 규범, 교육과정, 프로그램을 개발하고 기금을 마련하기 위한 방법에 대해 설명하는 문서를 만들 수 있었다. 학교 신문에 글을 썼으며, 중앙 게시판에 안내문을 붙이고, 연례행사인 정원 파티를 시작하였다. 교장 선생님과 나는 주기적으로 만나 선생님들이 정원과 좀 더 가까워질 수 있는 방안에 대해 이야기를 나누었다. 이제 우리 학교는 중학교 과정도 있으며, 정원에서 지역봉사 활동을 시작하였다. 이것이 'Alice Fong Yu 학교정원 2.0'이며, 우리는 그간의 정원에서 얻은 지식에 대해 들떠 있었다.

때때로 벤치는 편리한 책상이 된다.
Photo by Stephanie Ma

넓은 베이 지역에서 학교정원 운동이 크게 성장한 시기였다. Alice Water의 Edible Schoolyard에도 견인차 역할을 하였으며, 많은 언론에서 소개했고, 거의 모든 사람들이 갑자기 학교정원이란 아이디어를 접하게 되었다. 샌프란시스코에서는 샌프란시스코 녹색학교운동장연합회(San Francisco Green Schoolyard Alliance)라는 조직이 알려지기 시작했다. 학교정원에 대한 정보의 중심 허브로 새로운 조직은 주기적으로 선생님들과 정원 코디네이터에게 전문적 개발을 위한 기회를 제공하며, 지역 운동으로 확대되었다. 2002년 설립된 Growing Greener School Grounds Conference에서 베이 지역의 모든 선생님과 학교정원 관계자들이 세 개 지역 학교에서 실습하는 워크숍을 개최하였다. 「미국 장애인법(Americans with Disabilities Act: ADA)」 개정에서 교육청 채권을 녹색학교 운동장과 학교정원 발전을 위한 기금으로 할당할 것을 유권자들이 승인하였다.

Alice Fong Yu는 또 다른 정원 코디네이터로 활동할 준비를 하고 있다. 설립에 참여한 학부모들이 물러났을 때는 힘든 시간을 보냈는데, 다행히 새로운 코디네이터인 레이첼과 그녀를 지지하는 사람들로 조직을 갖추게 되었다. 모든 정원 코디네이터는 자신만의 관심과 동기를 가지고 있으며, 지속적으로 수업과의 연계를 강화하고, 프로그램의 관련성을 유지하려 한다.

레이첼: 정원 코디네이터의 의견

나는 아덴(Arden)의 후임으로 Alice Fong Yu에 정원 코디네이터로 와서 샌프란시스코 초·중·고 통합학교(Unified School District)의 학교정원 운동의 발전을 도왔다. 환경교육과 농업교육을 기본으로 하여 학교정원에서 둘을 혼합하여 교육하는 것이 이상적이었다. 프로젝트를 진행하면서 그렇게 많은 학부모들이 쏟은 땀과 열정을 생각하면 두려움이 없지 않았다. 나는 외부에서 왔지만 젊고 열의에 넘쳤다. 내가 고용된 후 그해 첫 번째 임원 회의에 참석하여 나를 소개하고 정원 수업 스케줄을 계획하였다. 시간제 직장이었고, 한 해에 $18,000를 벌어서 샌프란시스코에서 생계를 유지할 수 있을지 걱정이었다. 선생님들은 오후 1시부터 수업이 끝나는 오후 3시 30분까지 오후 시간에 정원 수업을 하기를 원하였다. 나는 정원에서 점심식사를 감독하였다. 나의 업무는 정오부터 학교가 끝날 때까지였으므로 방과 후 프로그램이나 오전에 시간제 직장을 구해야 했다. 결국 오전에는 Alice Fong Yu에서 유치원생과 1학년을 위한 읽기·쓰기 선생님을 하기로 하였다. 부수적으로 시간제 교사를 하게 되면서 정원에서만 있는 것보다 학생들과 학부모들을 더 잘 이해할 수 있게 되었다. 또한 교육과정과 수업 시간에 다루는 주제에 대해 친숙해지는 기회가 되어, 정원 수업에서 교육과정의 주제와 개념을 강화하고 복습할 수 있도록 노력하였다.

아덴과 학부모들이 시작한 것을 기반으로 하여 나는 학년별로 선생님들을 만나 그해 수업의 '범위와 일정'에 대해 이해하였다. 예를 들면, 유치원 선생님들은 10월에 '씨앗과 잡초'에 대해 다룰 것이라는 것을 알게 되었다. 나는 새로 디자인하거나 기존의 교육과정을 이용하여 10월에 이에 대한 전반적인 개념을 다룰 수 있도록 계획하였다. 나는 매일 정원에서 가르쳤고, 비가 오면 실내에서 수업을 하는 등 변함없이 일하였다.

Alice Fong Yu 학교정원은 기본적으로 푸드 시스템(식량 생산) 정원이다. 15개의 높인 재배상에서 많은 양의 채소를 재배하였다. 반별로 재배상을 할당하는 대신에 모든 학급에 소속된 재배상으로 하여금 학생들이 관찰하는 데 집중할 수 있도록 하였다. 우리는 재배상에 당근, 상추, 근대, 잠두콩, 기타 채소들의 종자를 뿌렸다. 우리는 식량을 생산했고, 그것을 먹었다. 나는 정원에 작은 캠핑용 버너와 커다란 냄비를 가져왔다. 우리는 근대를 수확하고, 양파와 마늘에 올리브 오일을 넣어 살짝 볶아 수업 시간에 간식으로 먹었다. 브로콜리, 콜라드 양배추, 여러 종류의 녹색 잎채소를 이용하기도 했다. 때때로 미리 파스타를 삶아서 우리가 만든 채소 볶음과 함께 먹었다. 호박씨, 마늘, 올리브 오일, 완두콩을 함께 갈아 크래커 소스를 만들기도 했다. 결국 우리는 까다로운 캠핑용 버너를 처분하고 가스를 이용하는 화력이 좋은 휴대용 부탄가스 버너로 바꾸었다.

    Alice Fong Yu에서 정원 교육자이자 코디네이터로 일하면서 4년이 지나자, 정원은 학교에서 활기찬 프로그램으로서 교육과정에 완전히 수용되었다. 그럼에도 불구하고, 선생님과 교육 수준에 적합한 수업을 만들고, 선생님들에게 정원 수업이 단순히 자유 시간이 아니라 교육 시간이라는 점을 설득시키는 작업을 계속 진행 중이다. 결국 몇몇 선생님들은 다루고자 하는 모든 과목을 나에게 일임하였고, 정원 시간을 활용하여 교육할 수 있다는 것을 발견하였다(예를 들면, 매년 4학년 과학 수업을 위해 정원에 '지형'을 만들었다). 몇몇 선생님들은 정원에서 쉽게 배울 수 있는 규범을 받아들이지 않고 교실 내에서 가르치려고 하였다. 우리는 정원위원회 회원들과 관심 있는 학부모들의 변화를 가져왔다. 정원을 지원하려는 유치원생 학부모들을 대상으로 매년 새로운 회원을 모집하였다. 회원을 모집하는 것이 항상 쉬운 일은 아니었다. 관심에 대한 변화는 자연스러운 과정으로 정원에서의 새로운 프로젝트가 다시금 열정을 불러일으켰다. 정원을 '완성하는 것'은 중요하지 않았다. 지속적으로 발전하는 프로젝트만이 학부모들에게 관심을 가지고 시간을 투자하게 만들었다.

    Alice Fong Yu 대안학교를 떠나기 전에 나는 『정원 코디네이터 핸드북(Garden Coordinator's Handbook)』이란 안내 책자를 제작하였다. 해마다 모든 선생님의 사진과 이름을 책자에 기록하였다. 오래된 수업을 정리하여 기록하였으며, 새로운 수업 계획 교재를 나의 오래된 노트와 함께 남겨 두었다. 나는 위치에 대한 소개, 기대하는 내용, 학교에서 담당하는 사람, 일반적으로 정원 프로그램을 운영하는 방법에 대해 기록하였다. 내가 처음 정원 코디네이터로 학교에 왔을 때, 나는 대학을 갓 졸업하였고, 초등학교에서의 활동이 제한적이었다. 학부모들이 어떻게 관여하는지, 학부모협회가 무엇을 하는지, 교육 기준은 무엇인지 등에 대해 알지 못했다. 내가 아는 것이 별로 없어서 학교에서 나의 역할을 이해하는 데 시간이 좀 걸렸다. 정원은 모든 사람의 주요 관심사가 아니었고, 학교정원은 지속적으로 직물을 짜듯 학교 조직과 엮일 필요가 있었으며, 나는 그 과정을 진두지휘해야 했다. 새로운 정원

L Gavin Newsom 샌프란시스코 시장이 SFUSD 정원을 방문한 모습

R 학교 운동장에 이러한 도심지 화단이 생겨나고 있다.

교육자에 대한 나의 글에서 정원 교육자의 역할과 정원을 그냥 유지하는 것이 아니라, 번창시키고 정원을 다음 단계로 발전시키는 것을 두려워하지 않는 방법에 대해 설명하였다. 결과적으로 Alice Fong Yu 대안학교는 열의와 재능이 넘치는 정원 교육자 두 명을 더 얻었다. 각 단계로의 이행은 상당히 순조롭게 이루어졌으며, 학교에서는 프로그램에 대한 믿음과 지원이 계속되었다.

지역운동의 시작

참여하는 학부모의 열정과 지원에만 의존하는 개인적인 학교정원 프로그램은 불안정하여 교장 선생님과 여러 선생님들의 참여와 분명하고 견고한 조직에 대한 계획이 필요하다. 학교정원 프로그램이 단결하여 한 목소리를 내면서 영향력이 커지기 시작하였다. 우리 학군 내에 28개의 다른 학교정원이 있으며, 정원 코디네이터가 가르치고, 기금을 모으고, 교육과정을 짜고, 학교정원을 홍보하는 모든 일을 힘겹게 하고 있었다. 우리는 선생님, 학부모, 정원 코디네이터에게 서로 연계하여 의사소통할 수 있는 기회를 만들어 주는 것이 더 큰 움직임을 시작하는 기본이 됨을 알았다. 우리는 사회적 네트워킹 행사를 준비하였고, 학부모들과 코디네이터들에게 서로의 성공 사례와 도전 사례를 나누도록 하였다. 우리는 단체메일 서비스를 이용하였으며, 교육청은 학교정원에 유용한 무료 자원의 중심 공간이 되었다. 쉽게 접근할 수 있는 퇴비, 멀칭 재료, 묘목 같은 정원 재료를 무료로 공급하게 되면서 독립적이지만 정원활동을 키우는 데 주저하던 대부분의 정원 코디네이터를 끌어들일 수 있었다. 예전에는 각각의 학교가 재료들을 요청하거나 구입해야 했던 반면에, 교육청이 중심이 되어 재료를 모아 두게 되면서 공급 업체로부터 기부를 받는 것도 쉬워졌다. 게다가 모든 자금 조달 기회가 골고루 돌아갔으며, 학부모와 정원 코디네이터가 첫 번째 보조금을 작성하는 것을 도왔다. 자리를 잡은 학교정원 프로그램과 새로운 정원 프로그램을 짝지어 도와주는 멘토링 프로그램이 서로 성장하도록 도와주었다. 마침내 정원에 정부 고관들이 조직적으로 방문하고 프로그램에 대한 학교의 자부심이 강화되었으며, 환경과 정원기반교육을 확대하는 데 도움이 되었다.

학교정원 프로그램은 폭넓은 구역의 코디네이터들이 학교정원에서 필요한 것을 이해하는 데 도움이 되며, 실행하는 것을 도와줄 것이라 생각한다. 교육청은 사무실 공간을 제공할 것이며, 부족하지만 필요로 하는 것을 지원할 것이다. 보조금은 봉급 지원을 위한 것이며, 학교정원 책임자의 위상도 높아졌다. 흥미롭게도 이 작은 발전이 교육청의 위상과 행정부 지원으로 발전하였으며, 교장 선생님과 다른 학교 행정직들에게 긍정적인 평가를 이끌어 냈다. 교장 선생님은 정원 프로그램을 진행할 수 있는 방법에 대해 알아보라고 요청하였다.

이제 우리 교육청은 80개 이상의 학교정원을 가지고 있다. 교육청 산하 45개 녹색운동장의 디자인과 건설에 700만 달러가 할당되었으며, 종합적 현대화 채권은 「미국 장애인법」의 준수와 오래된 도심지 학교의 시설 보수 등으로 SFUSD 학교의 반이 들어가게 되었다. 샌프란시스코 녹색운동장협회는 채권 프로그램(bond program)의 녹색 공간 만들기의 중요한 가이드라인을 제시하였으며, 학교 부지를 녹색으로 만들고자 하는 목표를 시행하고 유지하는 전략을 개발하는 데 도움이 되었다. 학교 부지당 15만 달러의 자금을 지원하는 채권 프로그램은 야외 교실을 짓고, 학교 부지를 아름답고 친환경적이며 매력적인 장소로 만드는 데 탁월한 시작이 되었다.

채권관리 부서는 녹색 공간을 개발하고자 하는 학교를 지원하기 위한 기발한 과정을 발달시켰다. 모든 장소는 지역사회 전체를 포함한 장기간의 의사결정 과정을 거쳐야만 한다. 녹화 요소가 무엇인지에 대한 의사결정은 선생님, 학부모, 학생,

해바라기는 수분 매개 곤충을 불러들이며, 학교정원에 생기를 준다.

지역 행정부에 의해 결정되었다. 채권관리 부서는 도안 작업과 계약에 관련된 복잡한 과정을 관리한다. 녹색학교 운동장 또는 학교정원을 상상하고, 표현하고, 건물을 짓고, 유지하는 것에 대한 결과는 더 강하고, 보다 더 밀접한 학교 공동체로 나타난 것이다.

여름 동안 시청 앞 광장의 뜰 안에 채소밭을 만들었다. 캘리포니아 시장 부인인 Maria Shriver는 캘리포니아 주 학교정원에 할당된 1,500만 달러의 한데 모으기를 대변하였다. Michelle Obama는 500명의 SFUSD 녹색 운동장에 모인 자원봉사자들 앞에서 신선한 채소를 먹고 야외에서 노는 것이 얼마나 중요한지에 대해 연설하였다. 우리 시장과 감독관 이사회는 지역 식량 시스템과 도시 농업의 열렬한 후원자다. 지역에서 자란 과일과 채소를 먹고 재배하는 즐거움에 대한 여론이 높아지는 데 학교 정원이 큰 역할을 하고 있다. 개별적 학교정원의 이질적인 그룹은 없으며, 통일되고 조직화된 조직이 우리가 학교정원 운동을 펼쳐 나가는 데 도움을 주고 있다.

우리는 도전받을 것이고, 예산 삭감이나 공교육과 정책, 시민의 관심의 흐름에 따라 항해하면서 지속적으로 변화하고 발전한다. 우리는 학교에서 일어나는 변화와 그 이유가 무엇이든지 간에, 학부모들이 학교를 개선하기 위해 용감하고 단호하게 작업에 참여하고 있다는 것을 믿는다.

Daniel Webster 초등학교는 두 번째로 위험한 학교였다. 미등록이 증가하고, 교육청에서는 자금 지원이 어려웠으며, 학교를 운영할 수 있는 여력도 없었다. 지역의 아동을 둔 학부모들은 이 학교에 아이들을 보내고 싶어 했고, 긴축에 항의하며, 학교를 열기를 원했다. 마침내 그들은 성공했다. 부지에 유치원을 지을 수 있는 50만 달러의 자금을 모았으며, 초등학교를 유지할 수 있으리라 기대하게 되었다. 5년이 지난 지금, 유치원생들이 Daniel Webster에서 스페인 몰입 프로그램에 참여하고 있다. 학교 부지 주변에 정원과 인도를 만들었으며, 정원 코디네이터를 고용하는 데 관심이 있다. 그들은 나무를 심었고, 이웃 주민들이 돌보고 있다. 가장 놀라운 것은 이 놀라운 변화에 동참하고자 하며, 아이들을 학교에 보내려고 입학 허가를 기다리는 학부모들의 목록이 있다는 것이다.

클립보드는 훌륭한 간이 책상이 된다.

우리는 어디로 가는가

과거 수 세기 동안 학교정원에 대한 관심을 관찰하면서, 세계적인 학교에서 교수 도구로 정원이 사용되었다는 기록은 수없이 찾을 수 있었다. 만약 학교정원에 대한 관심을 1800년대 후반부터 현재까지 그래프로 나타낸다면 기복이 있는 파도 모양을 이룰 것이다. 엄청난 인기가 있었던 기간을 만끽하면서도 학교정원과 정원기반교육은 교육의 주류에 포함되지 못했다. Desmond, Greishop과 Subramania가 미국 FAO를 위해 준비한 정원기반학습에 대한 보고서에서 "정원기반 교수법은 교육 연구자와 실행가들에 의해 결정적으로 검증되거나 지지되지 못하였다."라고 제시하였다. 이는 학교정원이 존재하지 않는 상태에서 그 효율성에 대해 진행된 연구를 이야기하는 것이 아니라, 학교정원이 교수 도구로서 널리 받아들여진 바가 없는 기반에서의 이용을 말하고 있다. 또한 "학문적 성과를 증진하기 위해 연계하는 정원기반교육에서 발달한 교과목은 없다." 간단히 말해서 "교수법을 적용하는 데는 일관성 있는 체제가 없다"(Desmond, Greishop, & Subramanian, 2003). 게다가 교사를 양성하는 교육대학 과정에서 정원기반교육이나 환경교육에 대한 내용은 거의 없다고 할 수 있다. 특히, 도심지 학교의 경우 학생들을 가르치는 사람들 중 정원사는 거의 없는 것이다.

마지막으로, 야외 교실이 학교 기반시설로 받아들여져 지원이 된다면 이에 따라 다른 교실이나 시설과 마찬가지로 유지·보수를 위한 자금을 마련할 수 있게 된다. 또한 학교 도서관 사서가 도서관 관리에 대한 교육을 받는 것과 마찬가지로, 정원 코디네이터들이 환경교육과 정원기반교육에 대한 훈련을 받을 수 있고, 선생님들과 함께 환경과 정원기반 교육과정을 개발하고 학생들에게 전달할 수 있게 된다. 이러한 학교정원 주류화(학교정원을 기존 교육 흐름에 포함하는 것) 전략은 교육정책 입안자들이 납득할 수 있는 더 많은 연구와 데이터(풍부하지만 입증되지 않은 데이터가 아니라)를 요구할 것이다.

1940~1950년대에 일어난 도시로의 이동을 통해 자연과 농업 시스템에 노출된 두 세대가 분리되었다. 학생들은 종종 할머니, 할아버지와 뒤뜰에서 식물을 심어 본 경험을 이야기하지만 부모들과 식물을 심어 본 학생들의 이야기는 거의 듣지 못했다. 인간과 우리 생태계의 연관성 혹은 관심은 더욱더 미약해지고 있으며, 더 이상 멀어지지 전에 우리는 학교정원에서 이들의 관계를 강화하고 재정립할 수 있는 기회를 가져야 한다.

학생들은 6~8시간의 긴 시간을 학교에서 생활하고 있으며, 학교는 선생님과 또래 친구들뿐 아니라 학교정원에서 만날 수 있는 자연계와도 관계를 형성하고 발달시키기에 적합한 장소로 만들어야 한다.

학교정원 레시피

정원에서 학생들과 요리하는 것은 단순하면서 재미있다. 학교정원이 성장함에 따라 당신은 자신이 가장 좋아하는 레시피를 서로 공유하려 할 것이다. 여기에 소개하는 레시피는 학생들이 따라 하기 쉽고 준비하기도 간단하다. 대부분의 양은 한 반에 20~30명의 학생들을 기준으로, 식사가 아니라 맛있고 영양가 있는 간식이 될 만한 것들이다. 특별히 분량을 적지 않은 재료는 상황에 따라 조절할 수 있는 것이다(예, 샐러드용 잎채소, 크래커, 또띨라 칩). 중학생들은 유치원생보다 훨씬 많이 먹을 것이다. 정원 수업이 점심시간 다음이더라도 걱정하지 마라. 학생들은 직접 기르고 수확한 채소를 먹을 준비가 되어 있다.

당신의 정원 공구 창고에 요리도구를 잘 갖춰 두면 요리 활동을 순조롭게 할 수 있게 도와줄 것이다. 다음의 레시피를 이용하려면 제8장 '정원에서 식물 심기, 수확하기, 요리하기' 편에서 언급한 기본적인 도구와 조미료가 필요하다. 경우에 따라 집에서 몇 가지 조리기구나 조미료를 가져와야 할 수도 있으나, 대부분 정원에서 바로 얻을 수 있는 것들이다.

정원 요리도구에 포함되는 기본 요리도구

- ✔ 캠핑 난로, 버너(또는 사용하기 쉽고 화력이 좋은 휴대용 가스레인지)
- ✔ 깊은 냄비(웍, 전기에 꽂아 쓰는 것이 아님)
- ✔ 집게
- ✔ 샐러드용 채소 탈수기
- ✔ 샐러드 소스를 담을 뚜껑 있는 유리병
- ✔ 커다란 나무 숟가락
- ✔ 음식을 담을 큰 그릇 몇 개
- ✔ 작은 여벌 그릇 몇 개
- ✔ 칼과 도마
- ✔ 2~3개의 절구와 막자
- ✔ 채소, 접시를 씻을 커다란 양동이 몇 개
- ✔ 20~30명의 학생들이 사용할 재사용 가능한 접시와 포크
- ✔ 접시 세척제와 키친타월

레시피

- 허브와 식용꽃 샐러드 ——— 204
- 간장 겨자 샐러드드레싱 ——— 205
- 레몬 올리브 오일 드레싱 ——— 206
- 기본 볶음 요리 ——— 207
- 허니 레몬 볶음 ——— 208
- 완두콩, 호박씨, 마늘 소스 ——— 208
- 식용꽃 카나페 ——— 209
- 살사 소스 ——— 210
- 태양열 오븐 구이 감자 ——— 212
- 마늘로 볶은 녹색채소 파스타 ——— 212
- 레몬버베나와 라즈베리 셔벳 ——— 213
- 신선한 사과와 치즈 요리 ——— 214

허브와 식용꽃 샐러드

도심지 식당에서도 충분히 자부심을 느낄 만한 신선하고 화려한 색상의 샐러드다. 신선한 녹색 잎채소와 상추, 보리지, 한련화, 금잔화 같은 싱싱한 식용꽃의 꽃잎, 정원에서 구할 수 있는 신선한 허브를 섞은 것이다. 반 학생 수와 나이에 따라 수확할 녹색 잎채소의 양을 정하면 된다. 각 학생들이 자신이 먹을 만큼(4~5장의 중간 크기 잎) 직접 수확하게 한다면 샐러드 분량을 정확히 잴 수 있을 것이다. 유치원생들은 잎의 수를 줄이도록 한다. 아이들은 꽃을 따서 먹는 것을 좋아한다. 각 학생들이 한두 개의 꽃을 선택하여 직접 수확하게 한다. 여기서 제안하는 드레싱을 포함해서 직접 만든 드레싱은 어떤 것을 사용해도 좋다.

재료
- 신선한 상추 잎
- 보리지, 한련화, 금잔화 등 신선한 식용꽃

- 잘게 썬 신선한 허브

맛있는 요리하기

① 반별로 상추 잎을 수확하여 씻고, 물기를 뺀다.
② 어느 종류든 정원에서 자라고 있는 허브 한 줌과 식용꽃 한 다발을 준비한다.
③ 허브는 잘게 썰고, 녹색 잎과 꽃 위에 뿌려 준다.
④ 좋아하는 드레싱을 조금 뿌려 주고 다시 올려 주어 내놓는다.

간장 겨자 샐러드드레싱

아이들은 톡 쏘는 듯한 맛을 좋아하며, 드레싱은 만들기도 쉽다. 신선하게 재배하여 수확한 유기농 샐러드에 시장에서 산 드레싱을 사용할 사람은 없을 것이다. 많은 학생들(또는 학부모들)은 별 준비 없이 드레싱을 만드는 것이 얼마나 쉬운지 알지 못한다.

신선한 채소!

- 이 레시피는 드레싱 2컵을 만드는 분량으로 4학년 학생 20명이 먹을 수 있는 정도다.

재 료

- 사과 식초 1컵
- 디종 머스터드 1 숟가락
- 일본 간장 1/4컵
- 마늘 4쪽 다진 것
- 건조 허브 또는 잘게 썬 신선한 허브 한 줌
- 정원에 있다면 레몬 1개의 즙(선택 사항이며, 향을 좋게 해 준다.)
- 올리브 오일 1/2컵
- 후추 갈은 것(간장을 넣으므로 소금은 넣지 않는다.)

맛있는 요리하기

① 올리브 오일을 뺀 나머지를 모두 유리병에 넣고 뚜껑을 꼭 닫은 후에 잘 섞어 준다.
② 학생들에게 분량을 재도록 한다.
③ 올리브 오일을 첨가하여 잘 흔들어 준다.
④ 샐러드 위에 뿌려 주고 조심스럽게 섞어 준다.
⑤ 드레싱이 남았다면 냉장고에서 일주일 정도 보관이 가능하다.

레몬 올리브 오일 드레싱

쉽고 간단한 드레싱으로 몇 초 안에 만들 수 있다. 만약 오렌지가 자랄 수 있는 난대성 기후에 살고 있다면, 정원에서 레몬, 라임, 오렌지 등을 심는 것에 대해 고려해 보라. 과일나무는 여러 가지 이유로, 특히 요리를 위해 정원에 추가로 심으면 좋은 식물이다.

재 료
- 올리브 오일 1/4컵
- 신선한 레몬 2~3개
- 소금 약간

특별한 도구
- 레몬 짜는 기계(가지고 있다면 준비하라.)

맛있는 요리하기

① 정원에서 수확한 녹색 잎채소를 씻어 물기를 제거한 뒤에 커다란 그릇에 담아 준비해 둔다.
② 올리브 오일을 조금 붓고 소금을 뿌려 준 뒤에 살짝 뒤적인다.
③ 잎에 오일을 골고루 묻히고 나서 레몬 즙을 뿌리고 살짝 뒤적인 후에 내놓는다.

기본 볶음 요리

볶음 요리는 정원에서 매우 하기 쉽다. 무엇이든 수확한 것을 사용하며, 여기에 국수를 첨가한다. 당면을 준비하는 것도 쉽고 빠르다. 대부분의 상점에서 동남아 음식 코너에서 쉽게 발견할 수 있으며, 찾기 어렵다면 우동, 국수, 스파게티, 링귀니 같은 파스타와 함께 있으며, 넉넉하게 준비해 두면 좋다.

재 료
- 당면 2~3봉지
- 올리브 오일 2큰술
- 마늘 4쪽, 잘게 썬 것
- 중간 크기 양파 1개, 잘게 썬 것
- 당근 2~3개, 잘게 썬 것
- 케일, 근대, 콜라드 양배추 같은 신선한 녹색 잎채소 3다발, 잘게 썬 것
- 꼬투리째 먹는 완두콩 한 움큼
- 간장 소스 1/4컵

맛있는 요리하기
① 수업시간 전에 물 1리터를 끓여 당면이 담긴 그릇에 부어 준다.
② 수업시간에 가열한 냄비에 올리브 오일을 두르고 마늘과 양파를 첨가하여 향을 낸다.
③ 마늘과 양파가 투명해질 때까지 볶아 준다.
④ 당근을 넣고 2분 정도 더 볶아 준다.
⑤ 당면은 물을 따라 버리고 냄비에 넣어 채소들과 함께 섞어 준다.
⑥ 국수가 완전히 익으면 불을 끄고 간장 소스를 넣어 살짝 섞어 준다.

허니 레몬 볶음

이 요리는 볶음 요리의 한 종류로 꿀을 사용하여 녹색 잎채소의 쓴맛을 없애 준다. 정원에서 쉽게 수확할 수 있는 재료들을 이용할 수 있다.

재 료
- 올리브 오일 2큰술
- 중간 크기 양파 1개, 잘게 썬 것
- 케일, 근대, 콜라드 양배추 등 신선한 녹색 잎채소 3~4묶음, 잘게 썬 것
- 소금 약간
- 레몬 1개, 즙낸 것
- 꿀 2큰술
- 신선한 바게트 빵 20~30조각

맛있는 요리하기
① 불에 달군 냄비에 올리브 오일을 두르고 양파를 넣고 투명해질 때까지 볶는다.
② 녹색 잎채소와 소금을 첨가하고 채소가 숨이 죽을 때까지 볶아 준다.
③ 레몬 즙과 꿀을 넣고 저어 준다.
④ 불을 끄고 바게트와 함께 내놓는다.

완두콩, 호박씨, 마늘 소스

정원에 절구가 없다면 야외 부엌 도구로 유용하므로 2~3개 준비하도록 한다. 만들기 쉬운 소스로 재료를 함께 넣고 으깨는 것은 많은 레시피 방법 중 하나다. 이는 6컵 정도의 소스를 만들 분량이다.

재 료

- 껍질 벗긴 완두콩 4컵(살짝 익혀 준비해 둔다.)
- 마늘 3쪽
- 구운 호박씨 2컵
- 올리브 오일 1/4컵
- 소금 약간
- 크래커

맛있는 요리하기

① 수업 전에 완두콩은 살짝 익혀 준비해 둔다.
② 절구에 마늘을 넣고 다진다.
③ 완두콩을 첨가하고 계속 으깬다.
④ 호박씨는 1/2컵씩 나누어 넣고 잘 으깨 준다.
⑤ 올리브 오일 1큰술을 첨가한다.
⑥ 나머지 완두콩, 호박씨, 오일, 소금을 첨가하고, 질감이 비슷해질 때까지 으깨 준다.
⑦ 몇 개의 소스 그릇에 나누어 담고 크래커와 함께 내놓는다.

식용꽃 카나페

이 요리는 매우 아름답고 이국적이며 아이들이 좋아한다. 특히, 정원 파티에서 매우 매력적인 음식으로 축제 기분을 낼 수 있다. 이 레시피는 학생 한 명당 1~2개 카나페 분량으로, 필요하다면 분량을 조절하면 된다.

재 료

- 금잔화, 보리지, 한련화같이 정원에서 구할 수 있는 식용꽃 20~30송이
- 통밀 크래커
- 크림치즈 또는 크래커에 바를 스프레드 2통

맛있는 요리하기

① 식용꽃 한 바구니를 수확하여 줄기는 깨끗이 제거한다.
② 크래커에 크림치즈(또는 좋아하는 스프레드 종류)를 바른다.
③ 크래커 위에 색색의 꽃을 장식하여 내놓는다.

살사 소스

살사 소스는 아이들에게 위험한 칼이 아닌 가위를 사용해 손쉽게 만들 수 있는 요리로서 많은 아이들이 참여하여 만드는 과정을 즐길 수 있다.

재 료
- 방울토마토 8컵
- 실란트로(고수잎) 1다발
- 쪽파 8줄기
- 마늘 4쪽
- 라임 1개, 즙낸 것
- 소금 약간
- 또띨라 칩

특별 도구
- 깨끗한 어린이용 가위 20~30개

맛있는 요리하기

① 학생들이 토마토와 실란트로, 쪽파를 가위로 잘라 작은 그릇에 담도록 한다.
② 마늘은 절구에 넣어 찧는다.
③ 모든 재료를 커다란 그릇에 담는다.
④ 라임 주스와 소금 약간을 첨가한다.
⑤ 또띨라 칩과 함께 내놓는다.

식용꽃 카나페

살사 소스

태양열 오븐 구이 감자

태양의 엄청난 에너지에 대해 다룰 수 있는 수업으로, 빠르고 쉽게 간식을 만들 수 있다.

재 료
- 작은 감자 8~10개 또는 작은 고구마 3~4개
- 소금, 후추
- 올리브 오일 2큰술

특별 도구
- 태양열 오븐

맛있는 요리하기
① 아침에 오븐을 태양 아래 내다 놓고, 감자를 넣고 뚜껑을 꼭 닫아 둔다.
② 하루 종일 열 발생이 최대로 되도록 해 놓고, 종일 정원에서 지내면서 학생들과 온도계를 확인한다.
③ 온도가 200~300도에 다다르고 나서 두 시간가량 있으면 감자가 익는다.
④ 감자가 말랑말랑해지면 다 익은 것이다.
⑤ 감자를 작게 잘라 올리브 오일과 소금으로 살짝 버무리고, 기호에 따라 후추를 약간 뿌려 먹는다.

마늘로 볶은 녹색채소 파스타

아이들이 마늘 향을 알지 못했다면, 이 볶은 요리를 제공함으로써 알게 될 것이다.

재 료
- 펜네 파스타 1~2묶음

- 올리브 오일 2큰술
- 케일, 근대, 콜라드 양배추 같은 신선한 녹색 잎채소 3~4다발
- 마늘 4~5쪽, 잘게 썬 것
- 소금 약간

맛있는 요리하기

① 수업 전에 파스타는 미리 삶아 둔다.
② 수업시간에 가열한 냄비에 올리브 오일을 두르고, 마늘을 넣어 살짝 갈색이 될 때까지 볶는다.
③ 한 번에 한 움큼씩 채소를 넣고 소금을 뿌려 준 후에 골고루 섞어 준다.
④ 채소가 숨이 죽으면, 준비해 놓은 파스타를 넣고 한번 가열한 후에 내놓는다.

레몬버베나와 라즈베리 셔벗

레몬버베나와 라즈베리 향은 매우 훌륭하여 학부모와 학생들 모두 이 즐거움을 주는 요리를 만드는 방법을 알고 싶어 한다. 이 레시피는 1리터 분량으로, 반 학생이 많다면 분량을 조절하면 된다.

- 기후에 따라 학교정원에서 다양한 종류의 베리류 나무를 기를 수도 있다. 라즈베리, 블랙베리, 블루베리 등이 마음대로 따기 좋은 작물이며, 음식의 맛을 좋게 한다. 정원에 베리류 나무를 기를 수 없다면, 근처 농장에서 직접 수확해 오면 재미도 있고 현장체험도 될 수 있다.

재 료
- 백설탕 2컵
- 물 2컵
- 신선한 레몬버베나 잎 한 줌
- 신선한 라즈베리 2컵(신선한 라즈베리가 없다면 냉동과일을 이용해도 된다.)

- 아이스크림을 만드는 데 필요한 암염(rock salt)과 얼음(필요한 분량은 제품 설명서를 참고하라.)

특별 도구
- 얼음 빙수기
- 블렌더

맛있는 요리하기
① 설탕을 물에 넣고 모두 녹을 때까지 가열하여 시럽을 만든다.
② 시럽에 레몬버베나를 한 줌 넣고 푹 잠기도록 하여 15분 정도 식힌다.
③ 잎을 꺼낸다.
④ 시럽에 라즈베리를 섞는다.
⑤ 얼음 빙수기에 암염과 얼음을 함께 담는다.
⑥ 모든 재료를 함께 붓고 손잡이를 돌려 준다.

신선한 사과와 치즈 요리

이 레시피는 사과나무가 자라고 있는 정원이 있다면 많은 사과 중 일부를 재빨리 먹어 치울 수 있는 방법이 된다. 지역 농장에서 만든 치즈를 몇 종류 선택해서 치즈 조각을 올린 사과 조각을 먹게 함으로써 향이 서로 잘 어울린다는 것을 보여 준다.

- 젖소에서 얻은 우유뿐 아니라 양이나 염소에서 얻은 우유로 만든 치즈에 대해 설명하고, 맛의 차이를 알아본다. 사과와 치즈는 맛있고 쉽게 준비할 수 있는 간식이다.

재료
- 정원에서 수확한 사과 10~15개, 조각으로 잘라 놓은 것(한 학생당 사과 반쪽이면 충분하다.)

- 아이들이 좋아하는 지역에서 만든 치즈, 조각으로 잘라 놓은 것(염소, 양, 젖소 같은 다양한 동물에서 얻은 치즈를 준비한다.)

특별 도구
- 치즈용 칼

맛있는 요리하기
① 도마를 2개 준비하여, 하나는 사과를 조각으로 자르고 씨를 제거한다.
② 다른 도마에는 다양한 종류의 치즈를 잘라서 놓아둔다.
③ 사과 조각 위에 치즈를 올려 내놓는다.

캘리포니아 주 표준교육 내용 사례

캘리포니아 주 표준교육 내용에서 발췌함(www.ced.ca.gov/be/st/ss/documents/sciencestnd.pdf)

유치원: 생명과학 표준 2
지구상에는 다른 종류의 식물과 동물이 살고 있다. 이 개념을 이해하기 위한 기초는 다음과 같다.

- ✓ 학생들은 식물과 동물(피자식물, 새, 물고기, 곤충 등)의 생김새와 행동에 있어서 유사점과 차이점을 관찰하고 설명하는 법에 대해 알고 있다.
- ✓ 학생들은 일반적인 식물과 동물의 주요 구조(줄기, 잎, 날개, 다리 등)를 확인하는 법을 알고 있다.

1학년: 지구과학 표준 3
날씨를 관찰하고, 측정하고, 설명할 수 있다. 이 개념을 이해하기 위한 기초는 다음과 같다.

- ✓ 학생들은 간단한 도구(온도계, 풍향계 등)를 사용하여 날씨를 측정하고, 계절별로 매일매일 변화를 기록하는 방법을 알고 있다.

- 날씨는 매일매일 변하며, 온도에 따라 비 또는 눈을 예측할 수 있다는 것을 알고 있다.
- 학생들은 태양이 땅과 공기, 물을 따뜻하게 한다는 것을 알고 있다.

3학년: 생명과학 표준 3

물리적 구조 또는 행동의 적응은 생명체가 생존하기 위한 기회를 증진시킬 수 있다. 이 개념을 이해하기 위한 기초는 다음과 같다.

- 학생들은 식물과 동물이 생장, 생존, 번식에서 다르게 기능하는 구조를 가지고 있다는 것을 알고 있다.
- 학생들은 바다, 사막, 툰드라, 삼림, 초원, 습지 같은 다른 환경에 살고 있는 다양한 종류의 생물의 예를 알고 있다.
- 학생들은 생명체들이 살고 있는 환경에 따라 변화하였다는 것을 알고 있다. 이러한 변화는 생명체에게 해로울 수도, 유익할 수도 있다.
- 학생들은 환경이 변하면 몇몇 식물과 동물은 살아남아 번식을 하고, 다른 식물과 동물은 죽거나, 새로운 장소로 이동해 간다는 것을 알고 있다.
- 학생들은 지구에 살았던 생명체 중 몇 종류는 완전히 멸종되었다는 것을 알고 있다.

안내판, 화분, 육묘상

관련 자료

학교정원 관련 기관

Boston Schoolyard Initiative
Boston, Massachusetts
www.schoolyards.org

California School Garden Network
www.csgn.org

Center for Ecoliteracy
Berkeley, California
www.ecoliteracy.org

City Farmer
Vancouver, British Columbia
www.cityfarmer.org
www.cityfarmer.info

Cornell Garden-Based Learning Program
Department of Horticulture
Ithaca, New York
blogs.cornell.edu/garden
www.hort.cornell.edu/gbl/index.html

Cultivating Community
Portland, Maine
www.cultivatingcommunity.org

EcoSchool Design
Berkeley, California
www.ecoschools.com/index.html

Edible Schoolyard (Berkeley)
Berkeley, California
www.edibleschoolyard.org

Edible Schoolyard (New Orleans)
New Orleans, Louisiana
www.esynola.org

Evergreen Toyota Learning Grounds
Canada, Toronto, Ontario
www.evergreen.ca

Growing Schools Garden
London, UK
www.thegrowingschoolsgarden.org.uk

Garden Organic
Warwickshire, UK
www.gardenorganic.org.uk

Junior Master Gardener Program(JMG)
Ventura, California
www.jmgkids.com

Life Lab Science Program
Santa Cruz, California
www.lifelab.org

National Agriculture in the Classroom(NAIC)
Washington, DC
www.agclassroom.org

National Gardening Association
South Burlington, Vermont
www.kidsgardening.com

Occidental Arts and Ecology Center(OAEC)
Occidental, California

둥지 만들기 Photo by Brooke Hieserich

www.oaec.org

Real School Gardens
Fort Worth, Texas
www.realschoolgardens.org

San Francisco Green Schoolyard Alliance(SFGSA)
San Francisco, California
www.sfgreenschools.org

Learning through Landscapes
www.ltl.org.uk

지렁이로 퇴비 만들기

California Integrated Waste Management Board
www.ciwmb.ca.gov/organics/worms

Environmental Protection Agency(EPA)
www.epa.gov/osw/conserve/rrr/composting/vermi.htm

Food to Flowers!
San Francisco, California
www.sfenvironment.org

New Mexico State
http://aces.nmsu.edu/pubs/_h/h-164.pdf

The Rodale Institute
www.rodaleinstitute.org

교과과정과 훈련

Closing the Loop: Exploring Integrated Waste Management and Resource Conservation
Sacramento, California
www.ciwmb.ca.gov/Schools/Curriculum/CTL

Earth Steward Gardener Curriculum
Portland, Maine
www.cultivatingcommunity.org

Foss Science (Full Option Science System)
Berkeley, California
www.fossweb.com

Garden Mosaics
Ithaca, New York
www.gardenmosaics.org

Great Explorations in Math and Science(GEMS)
Berkeley, California
www.lhsgems.org

Growing Communities Curriculum
Columbus, Ohio
www.communitygarden.org

Life Lab Science Program
Santa Cruz, California
www.lifelab.org

Math in the Garden
Berkeley, California
http://botanicalgarden.berkeley.edu/education/eduMIG.shtml

National Environmental Education Week School Garden Curricula
http://eeweek.org/resources/garden_curricula.htm#5-8

환경교육 관련 자료 및 기관

Calgary Zoo: Grounds for Change Schoolyard Naturalization Program
Calgary, Alberta, Canada
www.calgaryzoo.org/schoolyard_naturalization

The Centre for Alternative Technology
Powys (Wales), UK
www.cat.org.uk

Council for Environmental Education(CEE)
Houston, Texas
www.councilforee.org
www.projectwild.org
www.wetcity.org

www.flyingwild.org

Ecology Center of Berkeley
Berkeley, California
www.ecologycenter.org

The Great Plant Hunt
London, UK
www.greatplanthunt.org

North American Association for Environmental Education(NAAEE)
Washington, DC
www.naaee.org

The Pollinator Partnership
San Francisco, California
www.pollinator.org

Project WET
Bozeman, Montana
http://projectwet.org

The Trust for Public Land(TPL): Bay Area Parks for People Program
San Francisco, California
www.tpl.org

L   학교정원에서의 발견은 명료하다.

R   컨테이너를 이용한 식물 기르기

The Watershed Project
Richmond, California
www.thewatershedproject.org

농장을 학교로

National Farm to School
www.farmtoschool.org

영상 자료

Food Inc.
www.foodincmovie.com

Nourish Life
www.nourishlife.org

Videos by permaculture founder, Bill Mollison
www.bullfrogfilms.com/catalog/tgghv.html

The Real Dirt on Farmer John
www.pbs.org/independentlens/realdirt

The True Cost of Food
www.sierraclub.org/truecostoffood

모래, 진흙, 짚을 혼합한 벽토

기금 마련 기관

California School Garden Network
www.csgn.org

Donor's Choose
Washington, DC
www.donorschoose.org

National Gardening Association
www.kidsgardening.org

National Fish and Wildlife Foundation
www.nfwf.org

The Foundation Center
www.foundationcenter.org

해충 정보 및 생물학적 방제법

National Gardening Association: Pest Control Library
www.garden.org/pestlibrary

종자 구입처

Botanical Interests
Broomfield, Colorado
www.botanicalinterests.com

Fedco Seeds
Waterville, Maine
www.fedcoseeds.com

Johnny's Selected Seeds
Winslow, Maine
www.johnnyseeds.com

Renee's Garden Seeds
Felton, California
www.reneesgarden.com

Seeds of Change
Santa Fe, New Mexico
www.seedsofchange.com

Seed Savers Exchange
www.seedsavers.org

The Non-GMO Sourcebook
www.non-gmoreport.com

토양 분석

A & L Western Laboratories
Modesto, California
www.al-labs-west.com

Farmers Weekly Agricultural Register
www.agregister.co.uk

Soil Foodweb Oregon
Corvallis, Oregon
www.oregonfoodweb.com
www.soilfoodweb.com

Soil & Plant Tissue Testing Laboratory
University of Massachusetts
Amherst, Massachusetts
www.umass.edu/plsoils/soiltest

학교 운동장 모자이크 작품 Design by Paul Lanier and Nancy Thompson

태양열 에너지

The Solar Schoolhouse
Martinez, California
www.solarschoolhouse.org

정원의 야생동물

Breathing Places, Royal Society for the Protection of
  Birds
www.rspb.org.uk

National Wildlife Federation: Schoolyard Habitats
  Program
www.nwf.org

The Wildlife Trusts
Nottinghamshire, UK
www.wildlifetrusts.org

참고문헌

Applehof, M. (1997). *Worms Eat My Garbage: How to Set Up and Maintain a Worm Composting System*. Kalamazoo, MI: Flower Press.

Banana Slug String Band. (1989). *Dirt Made My Lunch*. Compact disc. Available at www.bananaslugstringband.com.

Bloomfield, J. (2008). *Grow It, Cook It: Simple Gardening Projects and Delicious Recipes*. London: DK Publishing.

Brennan, G., & Ethel, B. (2004). *The Children's Kitchen Garden: A Book of Gardening, Cooking, and Learning*. Berkeley, CA: Ten Speed Press.

Broda, H. (2007). *Schoolyard Enhanced Learning: Using the Outdoors as an Instructional Tool, K-8*. Portland, ME: Stenhouse.

Burdette, H. L., & Robert, C. W. (2005). *Resurrecting Free Play in Young Children: Looking Beyond Fitness and Fatness to Attention, Affiliation, and Affect*. Chicago: American Medical Association.

California School Garden Network (2006). Gardens for Learning: Creating and Sustaining Your School Garden. www.csgn.org/page.php?id=36

Canadian Council on Learning (2006). Let the children play: Nature's answer to learning. Early Childhood Learning Knowledge Centre. www.ccl-cca.ca/CCL/Reports/LessonsInLearning/LinL20061010LearninPlay.htm

Center for Ecoliteracy (1997). Getting Started: A Guide for Creating School Gardens as Outdoor Classrooms. www.ecoliteracy.org/publications/getting-started.html

Clements, R. (2004). An investigation of the state of outdoor play. *Contemporary Issues in Early Childhood*, 5(1), 68-80.

Coleman, E. (2009). *The Winter Harvest Handbook: Year-Round Vegetable Production Using Deep Organic Techniques and Unheated Greenhouses*. White River Junction, VT: Chelsea Green.

Cornell, J. (1998). *Sharing Nature with Children*. Nevada

City, CA: Dawn Publications.

Danks, S. (2010). *Asphalt to Ecosystems: Design Ideas for Schoolyard Transformations*. Oakland, CA: New Village Press.

Dannenmaier, M. (2008). *A Child's Garden: 60 Ideas to Make Any Garden Come Alive for Children*. Portland, OR: Hand Print Press.

Denzer, K. (2007). *Build Your Own Earth Oven*. Blodgett, OR: Hand Print Press.

Desmond, D., Grieshop, J., & Subramaniam, A. (2003). Revisiting garden-based learning in basic education: Philosophical roots, historical foundations, best practices and products, impacts, outcomes, and future directions. Food and Agriculture Organization of the United Nations(FAO). www.fao.org/sd/2003/kn0504_en.htm

Gershuny, G., & Deborah L. M. (eds.) (1992). *The Rodale Book of Composting*. Emmaus, PA: Rodale Books.

Grant, T., & Gail L. (eds.) (2001). Greening school grounds: Creating habitats for learning. In *Green Teacher*. Gabriola Island, BC: New Society Publishing.

Groos, P., & Esther P. R. (1972). *Teaching Science in an Outdoor Environment*. Berkeley, CA: University of California Press.

Harmonious Technologies (1995). *Backyard Composting*. Ojai, CA: Harmonious Technologies.

Herd, M. (1997). *Learn and Play in the Garden: Games, Crafts and Activities for Children*. Hauppauge, NY: Barron's.

Hinchman, H. (1997). *A Trail Through Leaves: The Journals as a Path to Place*. New York: Norton.

Jeavons, J. (2006). *How to Grow More Vegetables: (and Fruits, Nuts, Berries, Grains, and Other Crops) Than You Ever Thought Possible on Less Land Than You Can Imagine*. Berkeley, CA: Ten Speed Press.

Karsten, L. (2005). It all used to be better? Different generations on continuity and change in urban children's daily use of space. *Children's Geographies, 3*(3), 275-290.

Katzen, M. (2004). *Pretend Soup and Other Real Recipes: A Cookbook for Preschoolers and Up*. Berkeley, CA: Tricycle Press.

Keator, G. (1990). *Complete Garden Guide to the Native Plants of California*. San Francisco: Chronicle Books.

Keifer, J., & Martin, K. (1998). *Digging Deeper: Integrating Youth Gardens into Schools and Communities*. Food Works.

Kellert, S. R. (2005). Nature and childhood development. In *Building for Life: Designing and Understanding the Human-Nature Connection*. Washington, DC: Island Press.

Klemmer, C. D., Waliczek, T. M., & Zajicek, J. M. (2005). Growing minds: The effect of a school gardening program on the science achievement of elementary students. *HortTechnology, 15*(3), 448-452.

Kraus, S. (2002). *Kids Cook Farm Fresh Foods: Seasonal Recipes, Activities, and Farm Profiles that Teach Ecological Responsibility*. Sacramento, CA: California

Dept. of Education Press.

Lanza, P. (1998). *Lasagna Gardening: A New Layering System for Bountiful Gardens*. Emmaus, PA: Rodale.

Libman, K. (2007). Growing youth growing food: How vegetable gardening influences young people's food consciousness and eating habits. *Applied Environmental Education & Communication, 6*(1), 87-95.

Lieberman, G. A., & Linda L. H. (1998). *Closing the Achievement Gap: Using the Environment as an Integrating Context for Learning*. Poway, CA: State Education and Environment Roundtable.

Liebreich, K., Jutta, W., & Annette, W. (2009). *The Family Kitchen Garden*. Portland, OR: Timber Press.

Lineberger, S. E., & Zajicek, J. M. (2000). School gardens: Can a hands-on teaching tool affect student's attitudes and behaviors regarding fruit and vegetables? *HortTechnology, 10*(3), 593-597.

Lingelback, J., & Lisa, P. (2000). *Hands on Nature, Information and Activities for Exploring the Environment with Children, Vermont Institute of Natural Science*. Woodstock, VT: Vermont Institute of Natural Science.

Louv, R. (2008). *Last Child in the Woods: Saving our Children from Nature-Deficit Disorder*. Chapel Hill: Algonquin Books.

Lovejoy, S. (1999). *Roots, Shoots, Buckets, & Boots*. New York: Workman Publishing Company.

Lovejoy, S. (2001). *Sunflower Houses: A Book for Children and Their Grown-Ups*. New York: Workman.

Margolin, M. (1981). *The Ohlone Way*. Berkeley, CA: Heyday Books.

Mayer-Smith, J., Bartosh, O., & Peterat, L. (2007). Teaming children and elders to grow food and environmental consciousness. *Applied Environmental Education & Communication, 6*(1), 77-85.

McAleese, J. D., & Rankin, L. L. (2007). Garden-based nutrition education affects fruit and vegetable consumption in six grade adolescents. *Journal of the American Dietetic Association, 107*, 662-665.

Morris, J., & Zidenberg-Cherr, S. (2002). Garden-enhanced nutrition curriculum improves fourth-grade school children's knowledge of nutrition and preference for vegetables. *Journal of the American Dietetic Association, 102*(1), 91-93.

Ogden, C. L., Carroll, M. D., Curtin, L. R., McDowell, M. A., Tabak, C. J., & Flegal, K. M. (2006). Prevalence of overweight and obesity in the United States, 1999-2004. *Journal of the American Medical Association, 295*(13), 1549-1555.

Patten, E. (2003). *Healthy Foods from Healthy Soils: A Hands-On Resource for Teachers*. Gardiner, ME: Tilbury House.

Payne, B. (1999). *The Worm Café: Mid-Scale Composting of Lunchroom Wastes*. Kalamazoo, MI: Flower Press.

Pierce, P. (2002). *Golden Gate Gardening: Year-Round Food Gardening in the San Francisco Bay Area and Coastal California*. Seattle: Sasquatch Books.

Pollan, M. (2001). *The Botany of Desire: A Plant's-Eye View of the World*. New York: Random House.

Pollan, M. (2007). *Omnivore's Dilemma: A Natural History of Four Meals*. New York: Penguin Books.

Pollan, M. (2009). *In Defense of Food: An Eater's Manifesto*. New York: Penguin Books.

Pranis, E. (1992). *GrowLab Curriculum Study*. Burlington, VT: National Gardening Association.

Pranis, E. (2008). *Nourishing Choices: Implementing Food Education in classrooms, Cafeterias, and Schoolyards*. National Gardening Association. South Burlington, VT: National Gardening Association.

Rhoades, D. (1995). *Garden Crafts for Kids: Fifty Great Reasons to Get Your Hands Dirty*. New York: Sterling Publishing.

Rideout, V., & Hamel, E. (2006). *The Media Family: Electronic Media in the Lives of Infants, Toddlers, Preschoolers, and Their Parents*. Washington, DC: Kaiser Family Foundation.

Rivkin, M. S. (1995). *The Great Outdoors, Restoring Children's Right to Play Outside*. Washington, DC: National Association for the Education of Young Children.

Roberts, D. F., Foehr, U., & Rideout, V. (2005). *Generation M: Media in the Lives of 8 to 18 Year Olds*. Washington, DC: Kaiser Family Foundation.

Robinson, C. W., & Zajicek, J. M. (2005). Growing minds: The effects of a one-year school garden program on six constructs of life skills of elementary school children. *HortTechnology, 15*(3), 453-457.

Sibley, D. A. (2000). *Sibley Guide to Birds*. New York: Knopf.

Skelly, S. M., & Zajicek, J. M. (1998). The effect of an interdisciplinary garden program on the environmental attitudes of elementary school students. *HortTechnology, 8*(4), 579-583.

Sobel, D. (2004). *Place-Based Education: Connecting Classrooms and Communities*. Great Barrington, MA: The Orion Society.

State Education and Environment Roundtable(SEER) (2000). *California Student Assessment Project*. Poway, CA: California Department of Education.

State Education and Environment Roundtable(SEER) (2005). *California Student Assessment Project Phase Two: The Effects of Environment-Based Education on Student Achievement*. Poway, CA: California Department of Education.

Toyota Evergreen Learning Grounds (2000). *All Hands in the Dirt*. Toronto: Evergreen.

Trelstad, B. (1997). Little Machines in their gardens: A history of school gardens in America, 1891-1920. *Landscape Journal, 16*(2), 161-173.

Troiano, R. P., Flegal, K. M., Kuczmarski, R. J., Campbell, S. M., & Johnson, C. L. (1995). Overweight prevalence and trends for children and adolescents: The national-health and nutrition examination surveys, 1963 to 1991. *Archives of Pediatrics and Adolescent Medicine, 149*(10), 1085-1091.

Warnes, J. (2001). *Living Willow Sculpture*. Kent, UK: Search Press.

Waters, M. (1994). *Victory Garden Kids' Book*. New York:

Globe Pequot.

Wridt, P. J. (2004). An historical analysis of young people's use of public space, parks and playgrounds in New York city. *Children, Youth, and Environments, 14*(1), 86-106.

아동 도서

Aliki (1986). *Corn Is Maize: The Gift of the Indians*. New York: HarperCollins.

Anthony, J. (1997). *The Dandelion Seed*. Nevada City, CA: Dawn Publications.

Aston, D. H. (2007). *A Seed Is Sleepy*. San Francisco: Chronicle Books.

Azarian, M. (2000). *A Gardener's Alphabet*. Boston: Houghton Mifflin Publishers.

Barner, B. (1999). *Bugs! Bugs! Bugs!* San Francisco: Chronicle Books.

Brown, R. (2001). *Ten Seeds*. New York: Knopf.

Doyle, M. (2002). *Jody's Beans*. Boston: Candlewick.

Ehlert, L. (1988). *Planting a Rainbow*. New York: Harcourt Brace Jovanovich.

Fleischman, P. (2002). *Weslandia*. Cambridge, MA: Candlewick.

Fleischman, P. (2004). *Seed Folks*. New York: HarperTeen.

French, V. (1995). *Oliver's Vegetables*. New York: Orchard.

Greenstein, E. (2004). *One Little Seed*. New York: Viking.

Havill, J. (2006). *I Heard It from Alice Zucchini: Poems about the Garden*. San Francisco: Chronicle Books.

Krauss, R. (2005). *The Carrot Seed*. New York: HarperCollins.

McMillan, B. (1991). *Eating Fractions*. New York: Scholastic Press.

Nagro, A. (2008). *Our Generous Garden*. Wilmette, IL: Dancing Rhinoceros Press.

Roberts, B. (2001). *The Wind's Garden*. New York: Henry Holt.

Roemer, H. B. (2006). *What Kinds of Seeds Are These?* Minnetonka, MN: NorthWord.

Rosen, M. J. (1998). *Down to Earth*. New York: Harcourt.

웹 사이트

American Botanical Society
www.herbalgram.org

American Horticultural Society
www.ahs.org

Bay Tree Design, Inc./EcoSchool Design
www.ecoschools.com

Butterflies and Moths of North America
www.butterfliesandmoths.org/map

California Foundation for Agriculture in the Classroom
www.cfaitc.org

Center for Agroecology and Sustainable Food Systems
http://casfs.ucsc.edu

Container Gardening: University of Illinois Extension
http://urbanext.illinois.edu/containergardening/default.cfm

Cubic yard calculator
www.nationalmulch.com/underco.htm

DC Schoolyard Greening
www.dcschoolyardgreening.org

Garden ABCs
www.gardenabcs.com

Garden in Every School, California Department of Education
www.cde.ca.gov/Ls/nu/he/garden.asp

How to Compost
www.howtocompost.org

Life Cycles Project, Canada
http://lifecyclesproject.ca

Organic Gardening
www.organicgardening.com

Outdoor Biology Instructional Strategies(OBIS)
www.outdoorinquiry.com

Rebuilding Together
www.rebuildingtogether.org
This group is a good contact for construction help at your school.

Roots to Health
www.rootstohealth.org

Rose Hayden-Smith, University of California Hayden-Smith is an expert in the history of school gardens.
http://ceventura.ucdavis.edu/sbdisplay/stafflist.cfm?county=2372
http://ucanr.org/seek/anrdirectoryinfo.cfm?index=958
www.foodandsocietyfellows.org/about/fellow/rose-hayden-smith

Sustainable Agriculture Education(SAGE)
www.sagecenter.org

School Garden Weekly
http://schoolgardenweekly.com

School Garden Wizard
www.schoolgardenwizard.org

Shelburne Farms
www.shelburnefarms.org

Urban Nutrition Initiative, Philadelphia, PA
www.urbannutrition.org/index.html

# 저자 소개

Arden Bucklin-Sporer
샌프란시스코 녹색학교운동장연합회 전무이사
샌프란시스코 교육청 학교정원 이사
Bay Tree 디자인 회사 공동 설립자

Rachel Kathleen Pringle
보전생물학 석사
샌프란시스코 녹색학교운동장연합회 프로그램 매니저

역자 소개

최영애
숙명여자대학교 가정대학 졸업
숙명여자대학교 교육대학원 교육학석사(유아교육 전공)
미국 Chicago DePaul University, Montessori teacher basic training course 수료
미국 Houston University, Constructive Education course 수료
건국대학교 농축대학원 농학석사(원예조경 전공)
단국대학교 대학원 원예치료학박사(원예치료 전공)
전) 문경유치원장
현) 최영애 원예치료연구소장
　　서울여자대학교 플로라 아카데미 원예치료 전공과정 교수

〈주요 저서 및 역서〉
원예치료(학지사, 2003)
자연과의 만남으로 나와 세상을 치유하는 도시농업(공저, 학지사, 2006)
치유의 풍경(공역, 학지사, 2010)
원예치료 방법(역, 학지사, 2010)

권혜진
서울대학교 농업생명과학대학 졸업
서울대학교 농업생명과학대학원 원예학과 농학석사
서울대학교 농업생명과학대학원 원예학과 농학박사
현) 천안연암대학 화훼장식계열 교수

〈주요 역서〉
쉽게 기르는 실내식물 140(역, J&P, 2007)
화분 안에 담긴 정원(공역, J&P, 2010)

교사와 학부모를 위한
학교정원 가꾸기
How To Grow A School Garden

2011년 7월 20일 1판 1쇄 인쇄
2011년 7월 30일 1판 1쇄 발행

지은이 • Arden Bucklin-Sporer · Rachel Kathleen Pringle
옮긴이 • 최영애 · 권혜진
펴낸이 • 김진환
펴낸곳 • ㈜ 학지사
　　　　121-837 서울특별시 마포구 서교동 352-29 마인드월드빌딩 5층
대표전화 • 02) 330-5114 팩스 • 02) 324-2345
등록번호 • 제313-2006-000265호

홈페이지 • http://www.hakjisa.co.kr
커뮤니티 • http://cafe.naver.com/hakjisa

ISBN 978-89-6330-712-1 03520

정가 23,000원

역자와의 협약으로 인지는 생략합니다.
파본은 구입처에서 바꾸어 드립니다.

이 책을 무단 전재 또는 복제 행위 시 저작권법에 따라 처벌을 받게 됩니다.

인터넷 학술논문 원문 서비스 **뉴논문** www.newnonmun.com

학지사는 깨끗한 마음을 드립니다

(주)학지사

원예치료 방법
– 의료서비스, 휴먼서비스, 지역사회 프로그램과 연계 –

Rebecca L. Haller · Christine L. Kramer 공편
최영애 역

2010년 · 240면 · 신국판

치유의 풍경

아사노 후사요 · 다카에스 요시히데 공저
최영애 · 홍승연 공역

2010년 · 240면 · 신국판

자연과의 만남으로
나와 세상을 치유하는
도시농업

오대민 · 최영애 공저

2006년 · 272면 · 크라운판

원예치료

최영애 저

2003년 · 280면 · 신국판